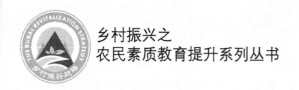

乡村振兴之
农民素质教育提升系列丛书

土肥水实用技术200问

◎ 郭东坡　殷碧秋　吴玉川　主编

U0349396

中国农业科学技术出版社

图书在版编目（CIP）数据

土肥水实用技术200问／郭东坡，殷碧秋，吴玉川主编．—北京：中国农业科学技术出版社，2020.1（2024.8重印）

ISBN 978-7-5116-4114-4

Ⅰ.①土… Ⅱ.①郭…②殷…③吴… Ⅲ.①土壤管理-问题解答②肥水管理-问题解答 Ⅳ.①S156-44②S365-44

中国版本图书馆CIP数据核字（2019）第060741号

责任编辑	姚　欢
责任校对	马广洋

出 版 者	中国农业科学技术出版社
	北京市中关村南大街12号　邮编：100081
电　　话	（010）82106636（编辑室）　（010）82109702（发行部）
	（010）82109709（读者服务部）
传　　真	（010）82106631
网　　址	http://www.CASTP.cn
经 销 者	各地新华书店
印 刷 者	北京虎彩文化传播有限公司
开　　本	850mm×1 168mm　1/32
印　　张	4.75
字　　数	120千字
版　　次	2020年1月第1版　2024年8月第4次印刷
定　　价	23.60元

《土肥水实用技术 200 问》
编 委 会

主　编　郭东坡　殷碧秋　吴玉川

副主编　刘前进　王立春　高建党　杜　伟
　　　　　徐保民

编　委　（按姓氏笔画）

　　　　　王　军　王目珍　马东红　孔凡丽
　　　　　刘化明　刘道静　李　岩　李　欣
　　　　　李　佼　李桂民　沈志河　张　晋
　　　　　贺　莉　夏　伟　郭苏军　崔　伟
　　　　　蒋　平

前　言

　　土壤是农业生产的基础：万物土中生，有土斯有粮。一方面，土壤是农业生产活动和农作物的承载者；另一方面，土壤是人类劳动的传导工具。在农业生产中，人们不可能直接为农作物输送养分，而要通过土壤这个媒介才能将养分传递给农作物。肥料是植物的粮食，是构成土壤生产力的主要因素，在农业增产的贡献中肥料支撑着一半的份额。土壤和肥料是农业生产的基本要素，土壤肥料技术是农业生产的核心技术之一，重视、发展、普及土壤肥料技术是农业技术推广工作者的义务，更是广大农民进行农业生产的现实需要。

　　农业农村部开展的耕地质量提升和化肥减量增效项目、测土配方肥补贴项目、耕地保护与质量提升项目都是长期性、基础性、公益性的重大农业技术专项，是党中央支农惠农的重要政策，是建设社会主义新农村的重要内容之一。水肥一体化技术是发展现代农业的重大技术，是新的提高肥料利用率、保护耕地质量的有效技术措施，更是建设资源节约、环境友好现代农业的"一号技术"，堪称"农业生产方式的革命"。该技术的推广越来越受到各级政府的高度重视，水肥一体化技术的应用新增面积作为差异化考核指标，已列入省、市、县经济社会发展综合考核。

　　为了引导农民科学施肥，同时把测土配方施肥和、化肥减量增效和水肥一体化各项技术推广工作引向深入，满足基层农民施肥技术培训的需要，笔者组织农业教育、科研和农业技术推广工作者编写了这本《土肥水实用技术 200 问》。编写人员本着从实践中来，到实践中去的方针，努力从农民的现实生活中和生产实践中发现和提出问题，并用科普的语言来解答这些问题。其目的是，更贴近农民，更贴近生产实践，更能帮助广大农民解决在农业生产实践中遇到的实际问题。

感谢山东农业大学资源与环境学院、山东省农业科学院、济宁市农业科学院、济宁市农业技术推广中心、济宁市土壤肥料工作站对本书编写工作的大力支持。

由于编者水平有限，加之时间仓促，错误和疏漏之处在所难免，不当之处敬请指正 。

目　　录

1

第一章　土壤学基本知识

1. 什么是土壤质地？它与土壤肥力有何关系？

　　土壤质地是根据土壤的颗粒组成划分的土壤类型。土壤质地一般分为砂土、黏土和壤土三类。其中，砂土抗旱能力弱，易漏水漏肥，因此土壤养分少，加之缺少黏粒和有机质，故保肥性能弱，速效肥料易随雨水和灌溉水流失，而且施用速效肥料肥效猛而不稳不长，因此，在砂土上施肥要强调增施有机肥，适时追肥，并掌握勤浇薄施的原则。黏土含土壤养分丰富，而且有机质含量较高，因此大部分土壤养分不易被雨水和灌溉水淋失，故保肥性能好，但由于遇雨或灌溉时，往往水分在土体中难以下渗而导致排水困难，影响农作物根系的生长，阻碍了根系对土壤养分的吸收，对此类土壤在生产上要注意开沟排水，降低地下水位，以避免或减轻涝害，并选择在适宜的土壤含水条件下精耕细作，以改善土壤结构性和耕性，以促进土壤养分的释放。壤土兼有砂土和黏土的优点，是较理想的土壤，其耕性优良，适种的农作物种类多。

2. 什么是土壤肥力？如何识别土壤肥力的高低？

　　土壤为作物正常生长提供并协调水、肥、气、热条件的能力，称为土壤肥力。

由于土壤肥力是土壤物理、化学、生物和环境因素的综合表现，目前还无法用确切的数量指标来表达土壤的肥力水平，更不能用其中一个或几个因子的数量来概括土壤肥力，所以通常把作物种植在不施任何肥料的土壤上所得的产量，即空白产量，作为土壤肥力的综合指标。一般来说，空白产量高，说明土壤供肥能力强，土壤肥力高；反之，土壤供肥能力弱，土壤肥力低。

3. 什么是土壤供肥性能？

土壤供肥性能是指土壤供应农作物生长所必需的各种速效养分的能力，主要包括土壤供应各种速效养分的数量，各种迟效养分转化为速效养分的速率以及各种速效养分持续供应的时间。

4. 什么是土壤全氮和碱解氮？

土壤中的氮素绝大多数是以有机态存在的，有机态氮素在耕作等一系列条件下，经过土壤微生物的矿化作用，转化为无机态氮供作物吸收利用。土壤中有机态氮与无机态氮的总和称为土壤全氮。土壤氮素绝大部分来自有机质，故有机质的含量与全氮含量成正相关。土壤中的全氮含量代表着土壤氮素的总贮量和供氮潜力。因此，全氮含量与有机质一样是土壤肥力的主要指标之一。

碱解氮又叫水解氮，它包括无机态氮和结构简单能为作物直接吸收利用的有机态氮，它可供作物近期吸收利用，故又称速效氮。碱解氮含量的高低，取决于有机质含量的高低和质量的好坏以及施入氮素化肥数量的多少。有机质含量丰富，熟化程度高，碱解氮含量也高，反之则含量低。碱解氮在土壤中的含量不够稳定，易受土壤水热条件和生物活动的影响而发生变化，但它能反映近期土壤的氮素供应能力。

5. 什么是土壤全磷和速效磷？

磷在土壤中是以磷酸盐的形式存在的，包括水溶性磷酸盐和不溶性磷酸盐。水溶性磷酸盐能溶于水被作物吸收利用，又称为速效磷。不溶性磷酸盐不溶于水不能被作物直接吸收利用。速效磷和不溶性磷的总和称为土壤全磷。速效磷含量的高低标志着目前供磷能力，而全磷标志着土壤供磷的潜在能力。

6. 什么是土壤全钾和速效钾？

土壤中的全钾是指矿物性钾、代换性钾和水溶性钾的总含量。而速效钾则指土壤中能直接被作物吸收利用的钾，包括水溶性钾和代换性钾。

7. 保护地栽培土壤盐渍化形成的原因是什么？有何危害？

保护地栽培土壤在棚膜遮盖条件下，形成了相对封闭的自然环境，特别是在连续种植的情况下，由于大量施用化肥在土壤中的积累，加上土壤水分向上运动，一般2～3年后，土壤开始出现酸化盐化，严重时，土壤表层出现白色盐花（"白霜"）、铜青绿色斑纹斑点，甚至出现棕褐色（"红化"）现象，使作物产生不同程度的危害。作物发生生理性病害的表现为僵苗、死苗、叶片焦枯、茎、叶、果畸形、落花落果等症状，最终导致作物减产、品质下降。

8. 保护地盐渍化土壤的改良措施是什么？

在生产上可采取以下防治措施：一是采取灌水洗盐的方法，通过洗盐能迅速降低土壤盐分，其中对严重的盐渍化土壤，采用多次洗盐的方法，可取得更好的效果；二是用揭棚膜的方法，也可达到降低土壤盐分的作用，但不足的是所需时间较长，而且需要雨水，才能取得较好的效果；三是通过合理的水旱轮作，可明显减轻土壤盐渍化的影响。一般在实际生产中，提倡以一年轮作水稻或隔一年轮作水稻，结合增施有机肥、化肥深施和肥水微蓄微灌技术，不仅可有效降低土壤盐分对作物的危害，而且能取得较好的经济效益。

9. 什么是土壤有机质？

土壤有机质是指来源于有机肥料和遗留在土壤中的动植物残体、微生物残体等。有机质含量的高低对于土壤肥力的影响很大，也是土壤肥力指标之一。土壤有机质来源不同，形式多样，但它们的基本成分是纤维素、木质素、淀粉、糖类、油脂、蛋白质等。它们含有大量的碳、氢、氧，还有氮、磷、硫和少量的铁、镁等元素，是植物养分的主要来源，也是微生物的食物，对于改善土性、提高土壤保水、保肥能力有重要的作用。土壤中有机质的数量虽少，但对于土壤物理、化学和生物等各方面都有良好的作用。

10. 土壤有机养分是怎样形成的？

土壤中有机养分是指土壤来自动植物的所有有机物质，外观上可分为：①基本上保持动植物残体原有状态的有机物；②被分解而原始残体状态已辨认不出的腐烂物；③在微生物作用下合成的、往往和土壤有机胶体及微生物复合在一起的腐殖质有机胶体。这三种类型是动植物残体分解转化的不同阶段，但其主要成分均是碳水化合物、含氮化合物和类木质素。在自然条件下，树木、草类和其他植物的植被、落叶和根部，每年提供大量的有机残体。另外，农田的大量植物残体仍留在土壤中，这些物质被土壤中的微生物分解转化成各种营养养分，贮藏在土壤中，形成土壤有机质。土壤有机质由于微生物的活动而不断分解，分解的速度要比岩石矿物风化快得多，所以很不稳定。土壤有机质含量的多少，直接影响着土壤养分的供应。

11. 有机质对于提高土壤肥力有什么作用？

（1）有机质分解的产物腐殖质是植物营养的贮存库，由于腐殖质分解，不断释放出植物所需的养分，供给植物生长发育之需要。

（2）腐殖质在分解过程中产生微量的高度分散的常溶胶态腐殖酸能促进植物根系的发育，从而更好地吸收利用土壤中的养料，提高了植物对土壤养分的利用率。高等植物还可以直接吸收并同化土壤中的某些有机物。

（3）有机质可改良土壤结构，改善土壤物理性状。有机质分解过程形成的胡敏酸在团粒结构的胶结过程中起重要的作用，能促进水稳性团粒结构的形成，从而提高土壤协调水、肥、气、热的能力，增加或降低土粒之间的黏结力和黏着力，改良土壤耕性，增进土壤保水性。

（4）提高阳离子代换量，起吸附代换、结合和缓冲作用，增加土壤保肥供肥能力。

（5）有机质是土壤微生物的食料，直接影响微生物的生命活动，从而影响土壤矿质养分的供应。

（6）腐殖质能吸收和溶解某些农药，因此有消除部分农药残毒和重金素污染的作用。

12. 通过哪些措施可以增加土壤有机质？

常用的途径就是种、还、施三结合的手段。种：适当地种植绿肥作物；还：秸秆还田；施：增施有机肥。

种植绿肥既作土壤覆盖，又是增加土壤有机质的有效途径。

据试验，无论何种土地，每年亩（1 亩 ≈ 667m^2。全书同）翻压 1t 绿肥鲜草，5 年后土壤有机质增加 0.1% ~ 0.2%，全氮提高 0.011%，总腐殖酸增加 6.1%，活性有机质提高 17.4%。

利用秸秆还田，提高土壤生物产量的返还率。秸秆含有丰富的有机质和矿物营养元素，若秸秆不还田，有机质和矿物损失不能归还土壤，长期持续下去，会造成土壤有机质的匮乏，影响作物生长。

增施有机肥是土壤有机质的最直接来源。增施有机肥不但能稳定持久供氮，弥补土壤中氮素营养的消耗，且能提供锌、硼等多种微量元素。若在施肥时忽视有机肥的投入，则会破坏土壤生态平衡。

第二章　植物营养学基本知识

1. 农作物生长发育所必需的营养元素有哪些?

一般作物生长发育所必需的营养元素有 16 种之多。又可划分为大量营养元素（C、H、O、N、P、K）；中量营养元素（Ca、Mg、S）；微量营养元素（Fe、Mn、Cu、Zn、B、Mo、Cl）。

此外，还有一类营养元素，它们对一些植物的生长发育具有良好的作用，或为某些植物在特定条件下所必需，但不是所有植物所必需，人们称之为"有益元素"，主要有：Si、Na、Co、Se、Ni、Al 等。各种元素在植物体内的作用是同等重要和不可代替的。缺少任何一种营养元素都会对作物产量或品质造成影响。

2. 什么是农作物营养缺素症?

农作物正常生长发育需要吸收各种必需的营养元素，如果缺乏任何一种营养元素，其生理代谢就会发生障碍，作物不能正常生长发育，使根、茎、叶、花或果实在外形上表现出一定的症状，将会引起农作物减产，通常称为农作物的缺素症。

3. 作物营养缺乏时有哪些症状?

作物营养缺乏主要识别症状:

症状出现的部位			
老组织	不易出现斑点	缺氮:新叶淡绿,老叶黄化、早衰甚至脱落	
		缺磷:新叶暗绿,老叶和茎基紫红	
	易出现斑点,脉间失绿	缺钾:叶尖及边缘焦枯,叶片上有斑点	
		缺锌:叶小簇生、斑点常在主脉两侧	
		缺镁:叶脉绿色,脉间发黄,形成清晰的网状脉纹	
新组织	顶芽易枯死	缺钙:叶尖弯钩状粘连	
		缺硼:叶柄变粗,茎易开裂,顶芽烧焦状斑点,花而不实	
	顶芽不枯死	缺硫:新叶黄化、失绿均匀、开花迟	
		缺锰:脉间失绿,有细小棕色斑点	
		缺铜:幼叶萎蔫、出现花白斑,生长缓慢、果实小、穗少	
		缺钼:叶脉间失绿、畸形、斑点布满叶片	
		缺铁:脉间失绿,发展至整叶淡黄或失绿	

4. 养分缺乏的指示作物有哪些?

缺素症的常用指示作物:

养分	指示作物		
	农作物	蔬菜	果树
氮	谷类作物、玉米	甘蓝、花椰菜、芥菜	苹果
磷	玉米、大麦、马铃薯、甜菜	莴苣、番茄	苹果
钾	甜菜、玉米、荞麦、蚕豆、马铃薯	番茄	苹果
钙	苜蓿等豆科作物、玉米	花椰菜、甘蓝	苹果
镁	马铃薯、甜菜、玉米	花椰菜、甘蓝、草莓	苹果

（续表）

养分	指示作物		
	农作物	蔬菜	果树
硫	油菜	花椰菜	—
铁	大麦、高粱、花生、桃树	花椰菜	葡萄、苹果
硼	油菜	花椰菜、萝卜	葡萄、苹果
锰	大豆、豌豆、谷类作物	甘蓝	苹果
铜	玉米、小麦、大麦	莴苣、番茄、洋葱	梨
锌	玉米、大豆、豌豆	洋葱	梨、苹果
钼	大豆、花生、小麦等	番茄、莴苣、花椰菜	

5. 作物营养元素过多时有哪些症状?

作物营养元素过多时，营养器官或生殖器官会产生不正常的症状、甚至毒害，在生产中应注意避免。下表列出养分过剩时的症状。

作物营养元素过剩的一般症状:

元素	过剩症状
氮	1. 叶呈深绿色，多汁而柔软，对病虫害及冷害的抵抗能力减弱 2. 茎伸长，分蘖增加，抗倒伏性降低 3. 根的伸长虽然旺盛，但细胞少 4. 籽实成熟推迟
磷	1. 一般不出现磷过剩症 2. 有的作物表现为营养生长停止，过分早熟
钾	1. 虽然和氮一样可以过量吸收，但难以出现钾过剩症 2. 土壤中钾过剩时，抑制了镁、钙的吸收，促使出现镁、钙的缺乏症
钙	1. 不出现钙过剩症 2. 大量施用石灰则抑制镁、钾和磷的吸收 3. pH 值高时，锰、硼、铁等的溶解性降低，助长这些元素缺乏症发生

（续表）

元素	过剩症状
镁	土壤中的镁/钙比高时，作物生长受到阻碍
硫	1. 没有看到植物自身的过剩症 2. 大量施用硫酸根肥料导致土壤酸化 3. 老朽化水田易产生硫化氢 4. 近年来作为烟害的一个因素，出现了亚硫酸气体的毒害
铁	大量施入含铁物质，则增大了磷酸的固定，从而降低了磷的肥效
锰	1. 根变褐色，叶片出现褐斑，或叶绿部发生白化、变紫色等 2. 果树异常落叶，腐殖质土壤垦为水田后发生赤枯症 3. 锰过剩则促进缺铁
硼	1. 叶片黄化，变褐 2. 属施用的容许范围窄的微量元素，易发生过剩症
锌	新叶发生黄化，叶柄产生赤褐色斑点
钼	1. 植物一般不发生钼过剩症 2. 叶片出现失绿 3. 马铃薯的幼株呈赤黄色，番茄呈金黄色
铜	1. 主根的伸长受阻，分枝根短小 2. 铜过剩引起缺铁 3. 发育不良，叶片失绿
氯	盐害不是由于吸收了过量的氯，而是盐分浓度障碍
硅	大量施用含硅矿渣，土壤 pH 值上升，也会对作物生长造成不良影响

6. 植物缺素症状识别歌

缺氮抑制苗生长，老叶黄化新叶淡；
根小茎细木质多，开花延迟果易落。
缺磷株小分蘖少，新叶暗绿老叶紫；
茎基紫红侧根稀，花少果迟秕籽粒。
缺钾株矮生长慢，老叶尖缘黄枯卷；
茎秆细弱易倒伏，不抗病来不抗寒。

缺镁发生中后期，先看老叶始失绿；
尖缘脉间色泽变，网状脉纹很清晰。
蔬菜缺硫看株体，全株叶片淡黄绿；
叶片褪绿先看脉，细叶老叶细对比。
缺钙未老株先衰，幼叶弯钩状粘连；
根尖菜心腐烂死，茄果脐腐株萎蔫。
缺硼顶叶皱缩卷，腋芽丛生花蕾落；
根尖易死茎易裂，花开花落不见果。
缺锌节短株矮小，新叶黄白肉变薄；
玉米白苗花叶病，簇生小叶少不了。
缺铁顶端先失绿，果树林木最明显；
幼叶脉间先黄化，果小皮厚矫正难。
缺钼脉间色变淡，叶片发黄出斑点；
十字花科不一样，叶片扭曲螺旋状。
缺锰叶肉变黄白，脉和脉近仍绿色；
严重叶片褐细点，逐渐增大布叶面。
缺铜幼叶表现早，白色叶斑少不了；
要问还有啥表现，幼叶萎蔫最关键。

第三章　肥料学基本知识

氮　肥

1. 什么是氮肥？氮肥的作用有哪些？

所谓氮肥是指具有氮（N）标明量，并提供植物氮素营养的单元肥料。

氮肥的主要作用是：提高生物总量和经济产量；改善农产品的营养价值，特别能增加种子中蛋白质含量，提高食品的营养价值；施用氮肥有明显的增产效果，氮肥在增产作用中所占份额居磷、钾等肥料之上。

2. 常用的氮肥品种主要有哪些？

常用的氮肥品种可分为铵态、硝态、铵态硝态和酰胺态氮肥4 种类型。各类氮肥主要品种如下：

（1）铵态氮肥：有硫酸铵、氯化铵、碳酸氢铵、氨水和液态氨。

（2）硝态氮肥：有硝酸钠、硝酸钙。

（3）铵态硝态氮肥：有硝酸铵、硝酸铵钙和硫酸铵。

（4）酰胺态氮肥：有尿素、氰铵化钙（石灰氮）。

3. 硫酸铵的施用方法及注意事项有哪些？

硫酸铵〔$(NH_4)_2SO_4$〕又称硫铵，是国内外最早生产和使用的一种氮肥。纯品硫酸铵为白色结晶体，副产品带微黄或灰色，吸湿性小，不易结块，所以比较容易保存，且较易溶于水。硫酸铵为生理酸性速效氮肥，一般比较适用于小麦、玉米、水稻、棉花、甘薯、麻类、果树、蔬菜等作物。对于土壤而言，硫酸铵最适用于中性土壤和碱性土壤，而不适用于酸性土壤。

硫酸铵的施用方法主要有以下几种：

基肥：硫酸铵作基肥时要深施覆土，以利于作物吸收。

追肥：这是最适宜的施用方法。根据不同土壤类型确定硫酸铵的追肥用量。对保水保肥性能不好的土壤，要分期追施，每次用量不宜过多；对保水保肥性能好的土壤，每次用量可适当多些。土壤水分多少也对肥效有较大的影响，特别是旱地，施用硫酸铵时一定要注意及时浇水。至于水田作追肥，则应先排水落干，并且要注意结合耕耙同时施用。此外，不同作物施用硫酸铵时也存在明显的差异，如用于果树时，可开沟条施、环施或穴施。

种肥：因为硫酸铵对种子发芽无不良影响，适于做种肥。

硫酸铵施用时需注意以下问题：

（1）不能将硫酸铵肥料与其他碱性肥料或碱性物质接触或混合施用，以防降低肥效。

（2）不宜在同一块耕地上长期施用硫酸铵，否则土壤会变酸造成板结。如确需施用时，可适量配合施用一些石灰或有机肥。但必须注意硫酸铵和石灰不能混施，以防止硫酸铵分解，造成氮素损失，一般二者的配合施用要相隔3~5天。

（3）硫酸铵不适于在酸性土壤上施用。

4. 氯化铵的施用方法及注意事项有哪些?

氯化铵（NH_4Cl），含氮量在 24%~25%。纯品氯化铵为白色或略带黄色的方形或八面体的小结晶。氯化铵的吸湿性比硫酸铵大，比硝酸铵小。这种肥料不易结块，易溶于水，为生理酸性速效氮肥。主要适用于粮食作物、油菜等，此外，还较适用于酸性土壤和石灰性土壤。

氯化铵的施用方法有以下几种：

基肥：氯化铵作基肥施用后，最好及时浇水，以便将肥料中的氯离子淋洗至土壤下层，减小对作物的不利影响。

追肥：氯化铵最适于用作水稻的追肥。它要比同等氮量的硫酸铵效果好。但氯化铵作追肥时要掌握少量多次的原则。

氯化铵施用时应注意问题：

（1）不宜用于烟草、甘蔗、甜菜、茶树、马铃薯、甘薯等对氯敏感的作物。西瓜、葡萄等作物也不宜长期使用。

（2）氯化铵最适用于水田，而不适用于干旱少雨的地区。

（3）不宜用作种肥和秧田肥。因为氯化铵在土壤中会生成水溶性氯化物，影响种子的发芽和幼苗生长。

5. 碳酸氢铵的施用方法及注意事项有哪些?

碳酸氢铵（NH_4HCO_4）简称碳铵，又称重碳酸铵，含（N）量 17%左右。纯品为白色粉末状结晶体，工业用品略发灰白色，并有氨味。碳酸氢铵一般含水量 5%左右，易潮解，易结块。温度在 20℃以下还比较稳定，温度稍高或产品中水分超过一定的标准，碳酸氢铵就会分解为氨气和二氧化碳，气体逸散在空气中，造成氮素的肥效损失。碳酸氢铵的溶解度比其他固体氮肥小，但较易溶于水，其本身为生理中性速效氨肥，是固体氮肥中含氮量最低的一个品种。碳酸氢铵适用于各种作物和各类土壤，既可作基肥，又可作追肥。

碳酸氢铵作基肥时，可沟施或穴施。若能结合耕地深施，效果会更好。但要注意，施用深度要大于 6cm（砂质土壤可更深些），且施后要立即覆土，只有这样才能减少氮素的损失。

碳酸氢铵作追肥时，旱田可结合中耕，要深施 6cm 以上，并立即覆土，还要及时浇水。水田要保持 3cm 左右的浅水层，且不要过浅，否则容易伤根，施后要及时进行耕耙。这样做的目的是促使肥料被土壤很好地吸收。碳酸氢铵做追肥时，要切记不要在刚下雨后或在露水还未干前撒施。碳酸氢铵无论作基肥或作追肥，切忌在土壤表面撒施，以防氮挥发，造成氮素损失或熏伤作物。

碳酸氢铵施用中应注意以下几个问题：

（1）不能将碳酸氢铵与碱性肥料混合施用，以防止氨挥发，造成氮素损失。

（2）土壤干旱或墒情不足时，不宜施用碳酸氢铵。

（3）施用时勿与作物种子、根、茎、叶接触，以免灼伤植物。

（4）不宜做种肥，否则可能影响种子发芽。

6. 硝酸铵的施用方法及注意事项有哪些？

硝酸铵（NH_4NO_3）又称硝铵。属硝态氮肥，含氮量在 32%～34%。从氮素的营养角度看，供应旱田作物作追肥，硝酸铵是最理想的一类氮肥。其纯品为白色或淡黄色的球形颗粒状或结晶细粒状，氨态氮和硝态氮各占一半，是一种无杂质肥料。其中细粉状硝酸铵吸湿性强且较容易结块。颗粒状硝酸铵的吸湿性小，不易结块。但两种状态的硝酸铵均易溶于水，为生理中性速效性氮肥。它适用于各类土壤和各种作物。

硝酸铵不适宜作基肥，因为硝酸铵施入土壤后，解离成的硝酸根离子容易随水分淋失。同时，硝酸铵也不宜作种肥，因其养分含量较高，吸湿性强，与种子接触会影响发芽。水田施用硝酸铵，氮素易淋失，肥效不如等氮量的其他铵态氮肥，只相当等氮量硫酸铵的 50%～70%。最为理想的用途是作追肥，而且最适用于旱田的追肥。亩用量可根据地力和产量指标来定。

使用当中应注意以下问题：

（1）不能与酸性肥料（如过磷酸钙）和碱性肥料（如草木灰等）混合施用，以防降低肥效。

（2）在施用时如遇结块，应轻轻地用木棍碾碎，不可猛砸，以防爆炸。

（3）密封包装，保存时注意防潮、防高温，避开易燃物和氧化剂。

7. 尿素的施用方法及注意事项有哪些？

尿素学名碳酰二胺，含氮量在 44%～46%，缩二脲占 0.9%～1.5%。目前，是我国固体氮肥中含氮量最高的肥料，理化性质比较稳定，易溶于水，为中性氮肥。尿素养分含量较高，适用于各种土壤和多种作物，最适合作追肥，特别是根外追肥效果好。

尿素施入土壤，只有转化成碳酸氢铵后才能被作物大量吸收利用。由于存在转化的过程，因此肥效较慢，一般要提前 4～6 天施用，同时还要求深施覆土，施后也不要立即灌水，以防氮素淋至深层，降低肥效。

尿素根外追肥时，尤其是叶面，对尿素中的营养成分吸收很快，利用率也高，增产效果明显。喷施尿素时，对浓度要求较为严格，一般禾本科作物的浓度为 1.5%～2%，果树为 0.5%左右，露地蔬菜为 0.5%～1.5%，温室蔬菜在 0.2%～0.3%，对于生长盛期的作物，或者是成年的果树，施用尿素的浓度可适当提高。

使用尿素应注意以下几个问题：

（1）一般不直接作种肥。因为尿素中含有少量的缩二脲，一般低于2%，缩二脲对种子的发芽和生长均有害，如果不得已作种肥时，可将种子和尿素分开下地，切不可用尿素浸种或拌种。

（2）当缩二脲含量高于0.5%时，不可作根外追肥。

（3）尿素转化成碳酸氢铵后，在石灰性土壤上易分解挥发，造成氮素损失，因此，要深施覆土。

8. 长效氮肥（控释肥）的施用方法及注意事项有哪些？

长效氮肥，又叫涂层氮肥，是一种被涂层物质包裹的氮肥。它的包膜是由少量氮、钾、镁、锰、锌、硼等营养元素的溶液喷涂而成。经过涂层的氮肥，不改变原有的性质。与普通氮肥相比较，长效氮肥具有物理性能好、氮素释放平缓、肥效长、氮素利用率高等特点。

长效氮肥有缓释作用，适合于农作物由苗期到成长期整个生长过程对氮素的需要，不存在前期供应过量，后期量小不足的缺点。推广长效氮肥，不仅能节约能源和工本，而且可以提高氮肥的有效利用率，还能缓解氮肥供不应求的矛盾。目前大力推广使用的长效氮肥主要有2个品种：长效尿素和长效碳酸氢铵，其施用方法与尿素、碳酸氢铵基本相同。具体施用要点如下：

（1）长效氮肥的氮素释放相对缓慢，释放高峰期比尿素约迟5天，故应比尿素的常规施用期提前。一般早春提前5~6天，夏季提前3~4天为宜。

（2）长效氮肥在土壤中的保氮能力比较强，利用率也较高。因此，它的用量比一般氮肥要略少些。通常要比常量减少10%~15%。

（3）由于土质不同，长效氮肥在土壤中的吸收保存能力也有明显的差异。黏土的吸收保存能力较强，一次用量可多些，砂质土应以少量多次施用为宜。

（4）要根据作物不同的吸氮特性，科学地施用长效氮肥。

9. 如何合理施用氮肥？

（1）根据各种氮肥特性加以区别对待。碳酸氢铵和氨水易挥发跑氮，宜作追肥；一般水田作追肥可用铵态氮肥或尿素。有些肥料对种子有毒害，如尿素、碳酸氢铵、氨水、石灰氮等，不宜做种肥；硫酸铵等尽管可作种肥，但用量不宜过多，并且肥料与种子间最好有土壤隔离。在雨量偏少的干旱地区或降雨季节，以施用铵态氮肥和尿素较好。

（2）要将氮肥深施。氮肥深施可以减少肥料的直接挥发、随水流失、硝化脱氮等方面的损失。深施还有利于根系发育，使根系扎深，扩大营养面积。

（3）合理配施其他肥料。氮肥与有机肥配合施用对夺取作物高产、稳产，降低成本具有重要作用，这样做不仅可以更好地满足作物对养分的需要，而且还可以培肥地力。氮肥与磷肥配合施用，可提高氮磷两种养分的利用效果，尤其在土壤肥力较低的土壤上，氮、磷肥配合施用效果更好。在有效钾含量不足的土壤上，氮、钾肥配合使用，也能提高氮肥的效果。

（4）根据作物的目标产量和土壤的供氮能力，确定氮肥的合理用量，并且合理掌握底、追肥比例及施用时期，这要因具体作物而定，并与灌溉、耕作等农艺措施相结合。

10. 怎样才能提高氮肥利用率？

氮肥的利用率一般只有 40%～50%，氮肥利用率不高主要是由铵态氮的挥发损失和硝态氮肥的淋失以及反硝化作用所造成的。提高氮肥利用率的途径有以下 5 项措施：

（1）合理分配：氮肥应用在增产效果好的土壤上。根据试验结果证明，一般地下水质好、基础产量较低的贫肥低产型土壤上利用率较高，增产效果显著。

（2）深施覆土：深施结合覆土可以增加土壤对铵离子的吸附，减少挥发。对铵态氮肥有显著的增产效果，施肥深度应结合作物品种特性与施肥量灵活掌握。化肥用量少、作物根系分布浅的，以中层浅施（深 6~12cm）较好；化肥量大、作物根系发达、入土深广的应以底层深施（深 12~15cm）为宜。

（3）因作物施用氮肥：作物习性不同，对氮肥的要求也不同。小麦、玉米、水稻等禾谷类作物，需氮肥较多，应适当多施，而豆类作物，一般只需在根瘤菌未起作用之前的生长初期施用少量氮肥，同种的作物也有耐肥性的差异，耐肥品种稍大于不耐肥品种。同一作物的不同生育期对氮素的需要量也有差别。例如，玉米在拔节期及大喇叭口期需肥量较多，此时应追施氮肥，而小麦是"胎里富"，满足基肥很重要，实践证明 60% 的氮肥和全部磷肥深施作基肥，40% 的氮肥根据土壤特性，一次或分次追施。不同作物对铵态氮和硝态氮的反应也不完全一样。小麦、玉米、水稻等禾谷类作物施用铵态氮和硝态氮同样有效。而洋芋则喜欢铵态氮。烟草喜欢硝态氮，大多数蔬菜也喜欢硝态氮。

（4）因土施肥：施用氮肥必须充分考虑土壤的供肥保肥特性。土层深厚，保肥力强的土地，以基肥为主，一次追肥；保肥力差的沙土、漏沙土，应支持"少吃多餐"的原则，采取分次施肥。

（5）氮磷化肥配合施用：作物正常生长发育，要求氮磷钾等多种营养元素的协调供应。根据当地土壤氮磷无缺的状况，要注意氮磷化肥的配合，同时如土壤微量元素缺乏，还要根据不同作物和土壤注意施用微量元素。

磷　肥

11. 什么是磷肥？磷肥的主要作用有哪些？

磷肥是指具有磷（P）标明量，以提供植物磷养分为其主要功效的单元肥料。磷是组成细胞核、原生质的重要元素，是核酸及核苷酸的组成部分。作物体内磷脂、酶类和植素均含有磷，磷参与构成生物膜及碳水化合物，含氮物质和脂肪的合成、分解和运转等代谢过程，是作物生长发育必不可少的养分。合理施用磷肥，可增加作物产量，改善产品品质，加速谷类作物分蘖，促进幼穗分化，促进灌浆、籽粒饱满，促进早熟，还能促使棉花、瓜类、茄果类蔬菜及果树等作物的花芽分化和开花结实，提高结果率，增加浆果、甜菜、甘蔗以及西瓜等的糖分、薯类作物薯块中的淀粉含量、油料作物籽粒含油量以及豆科作物种子蛋白质含量。在栽种豆科绿肥时，施用适量的磷肥能明显提高绿肥鲜草产量，使根瘤菌固氮量增多，达到通常称之为"发磷增氮"的目的。此外，还能提高作物抗旱、抗寒和抗盐碱等抗逆性。

12. 磷素化肥常用品种特性是什么？

（1）水溶性磷肥。主要有普通过磷酸钙、重过磷酸钙和磷酸铵（磷酸一铵、磷酸二铵），适合于各种土壤、各种作物，但最好用于中性和石灰性土壤。其中磷酸铵是氮磷二元复合肥料，且磷含量高，为氮的 3～4 倍，在施用时，除豆科作物外，大多数作物直接施用必须配施氮肥，调整氮、磷比例，否则，会造成浪费或由于氮磷素施用比例不当引起减产。

（2）混溶性磷肥。指硝酸磷肥，也是一种氮磷二元复合肥料，最适宜在旱地施用，在水田和酸性土壤施用易引起脱氮损失。

（3）枸溶性磷肥。包括钙镁磷肥、磷酸氢钙、沉淀磷肥和钢渣磷肥等。这类磷肥不溶于水，但在土壤中被弱酸溶解，被作物吸收利用。而在石灰性碱性土壤中，与土壤中的钙结合，向难溶性磷酸方向转化，降低磷的有效性，因此，适用于在酸性土壤中施用。

（4）难溶性磷肥。如磷矿粉、骨粉和磷质海鸟肥等，只溶于强酸，不溶于水。施入土壤后，主要靠土壤中的酸使它慢慢溶解，变成作物能利用的形态，肥效很慢，但后效很长。适用于酸性土壤用作基肥，也可与有机肥料堆腐或与化学酸性、生理酸性肥料配合施用，效果较好。

13. 如何合理施用磷肥?

（1）根据土壤供磷能力，掌握合理的磷肥用量。土壤有效磷的含量是决定磷肥肥效的主要因素。一般土壤有效磷（P）小于5mg/kg时，为严重缺磷，氮磷施用比例应为1∶1左右；有效磷（P）含量在5~10mg/kg时，为缺磷，氮磷肥施用比例在1∶0.5左右；有效磷含量在10~15mg/kg时，为轻度缺磷，可以少施或隔年施用磷肥。当有效磷含量大于15mg/kg时视为暂不缺磷，可以暂不施用磷肥。

（2）掌握磷肥在作物轮作中的合理分配。水田轮作时，如稻稻连作，在较缺磷的水田，早、晚稻磷肥的分配比例以2∶1为宜；在不太缺磷的水田，磷肥可全部施在早稻上。在水旱稻轮作时，磷肥应首先施于旱作。在旱茬轮作时，由于冬、秋季温度低，土壤磷素释放少，而夏季温度高，土壤磷素释放多，故磷肥应重点用于秋播作物上。如小麦、玉米轮作时，磷肥主要投入在小麦上作基肥，玉米利用其后效。豆科作物与粮食作物轮作时，磷肥重施于豆科作物上，以促进其固氮作用，达到以磷增氮的目的。

（3）注意施用方法。磷肥施入土壤后易被土壤固定，且磷肥在土壤中的移动性差，这些都是导致磷肥当季利用率低的原因。为提高其肥效，旱地可用开沟条施、穴施；水田可用蘸秧根、塞秧蔸等集中施用的方法。同时注意在作基施时上下分层施用，以满足作物苗期和中后期对磷肥的需求。

（4）配合施用有机肥、氮肥、钾肥等。与有机肥堆沤后再施用，能显著地提高磷肥的肥效。但与氮肥、钾肥等配合施用时，应掌握合理的配比，具体比例要根据对土壤中氮、磷、钾等养分的化验结果及作物的种类确定。

14. 过磷酸钙的施用方法及注意事项有哪些？

过磷酸钙的有效磷含量差异较大，一般在 12%~21%。纯品过磷酸钙为深灰色或灰白色粉末，稍有酸味，易吸湿，易结块，有腐蚀性，溶于水（不溶部分为石膏，占 40%~50%）后，为酸性速效磷肥。

过磷酸钙适用于各种作物和多种土壤。可将施在中性、石灰性缺磷土壤上，以防止固定。它既可以作基肥、追肥，又可以作种肥和根外追肥。

过磷酸钙作基肥时，对缺少速效磷的土壤，每亩施用量可在 50kg 左右，耕地之前均匀撒上一半，结合耕地作基肥。播种前，再均匀撒上另一半，结合整地浅施入土，做到分层施磷。这样，过磷酸钙的肥料效果就比较好，其有效成分的利用率也高。如与有机肥混合作基肥时，过磷酸钙的每亩施用量应在 20~25kg。也可采用沟施、穴施等集中施用方法。

过磷酸钙作追肥时，每亩的用量可控制在 20~30kg，需要注意的是，一定要早施、深施，施到根系密集土层处。否则，过磷酸钙的效果就会不佳。若作种肥，过磷酸钙每亩用量应控制在

10kg 左右。

过磷酸钙作根外追肥时，要在作物开花前后喷施，喷施最好选择浓度为 1%~3% 的过磷酸钙溶液。

过磷酸钙施用中应注意以下几个问题：

（1）不能与碱性肥料混合施用，以防酸碱中和降低肥效。

（2）主要用在缺磷的地块，以利于发挥磷肥的增产潜力。

（3）施用过磷酸钙时一定要适量，如果连年大量施用过磷酸钙，则会降低磷肥的效果。

（4）使用时过磷酸钙要碾碎过筛，否则会影响均匀度并会影响到肥料的效果。

15. 磷酸铵的施用方法及注意事项有哪些？

常用磷酸铵为一铵和二铵的混合物，一般含氮（N）18%、五氧化二磷（P_2O_5）46%。常呈灰白色，也有深灰色或浅褐色，有一定吸湿性，属速效性肥料，磷酸铵中磷为水溶性形态，氮为铵态，均易被作物吸收，适用于各类土壤和各种作物，作基肥最好，亦可作种肥和追肥，但不能与种子、作物接触，也不能与碱性肥料混合施用。施用时，应根据土壤，作物生长情况，适当补施氮素肥料。

16. 磷酸二氢钾的施用方法及注意事项有哪些？

磷酸二氢钾含有效成分五氧化二磷（P_2O_5）约 52%，含氧化钾（K_2O）约 34%。其纯品呈现为白色或灰白色结晶体，吸湿性小，易溶于水，为高浓度速效磷钾复合肥。

由于这种肥料的价格比较昂贵，目前多用于作的根外追肥，特别是用于果树、蔬菜。一般小麦在拔节至孕穗期，棉花在开花期前后，可用 0.1%~0.2% 的磷酸二氢钾溶液喷施 2~3 次，每隔 5~7 天喷一次，通常都会取得良好的增产效果。

磷酸二氢钾也可作种肥，但需在播种前将种子在浓度为0.2%的磷酸二氢钾水溶液中浸泡 18~20 小时，捞出晾干，即可作为种肥在作物播种时施用。

使用磷酸二氢钾一般要注意：磷酸二氢钾用于追肥，通常是采用叶面喷施的办法进行。叶面喷施是一种辅助性的施肥措施，它必须在作物前期施足基肥，中期用好追肥的基础上，抓住关键，及时喷施，才能收到较好的效果。

17. 怎样才能提高磷肥的利用率？

磷肥在土壤中易被固定，移动性较小，利用率一般 10%~25%，提高磷肥利用率的途径有以下几个方面：

（1）集中深施。根据实验，过磷酸钙集中深施比撒施效果好，即把磷肥施在作物根基部分，便于根系吸收利用。一般采用条施，例如结合春播浅耕溜施、穴施、沟施均可。

（2）磷肥与有机肥料混合施用。磷肥与有机肥混合施用可减少土壤固磷的作用。同时有机肥料能为微生物活动提供能源，微生物活动旺盛，又有利于土壤中难溶性磷的释放。

（3）根据作物对磷肥的反应合理施用磷肥。各种作物对磷肥的敏感性和吸收能力很不相同，块根、块茎作物、豆类、瓜类、果类等作物需磷较多，应注意多施磷肥。小麦、玉米对磷肥的反应好，应配合施用。

（4）因土施用磷肥。土壤有效磷含量高的地块施用磷肥效果小，含量低的土壤施用磷肥效果显著。一般有效磷含量在8mg/kg 以上的土壤施磷效果较差。

（5）无论施用水溶性磷肥还是难溶性磷肥，只有在施足底肥的基础上合理施用，才能发挥其增产作用，磷肥单施的增产效果不如氮肥单施显著。

18. 磷酸二铵的施用方法及注意事项有哪些?

磷酸二铵 $(NH_4)_2HPO_4$ 又称磷酸氢二铵 (DAP),是含氮、磷两种营养成分的复合肥。呈灰白色或深灰色颗粒,比重 1.619,易溶于水,不溶于乙醇。有一定吸湿性,在潮湿空气中易分解,挥发出氨变成磷酸二氢铵。水溶液呈弱碱性,pH值=8.0。

磷酸二铵是一种高浓度的速效肥料,易溶于水,溶解后固形物较少,适用于各种作物和土壤,特别适用于喜铵需磷的作物,尤其适合于干旱少雨的地区作基肥、种肥、追肥,宜深施。

磷酸二铵的具体施用方法如下:

(1) 最适合于作基肥。一般亩用量为 15~25kg。对于高产作物而言,还可适当提高每亩的施用量。通常在整地前结合耕地,将肥料施入土壤,也可在播种后,开沟施入使用。

(2) 可以作种肥。磷酸二铵作种肥时,通常是在播种时将种子与肥料分别播入土壤。每亩用量一般控制在 2.5~5kg。

使用磷酸二铵时应注意以下问题:

(1) 不能将磷酸二铵与碱性肥料混合施用,否则会造成氮的挥发,同时还会降低磷的肥效。

(2) 已经施用磷酸二铵的作物,在生长的中、后期,一般只补施适量的氮肥,不再需要补施磷肥。

(3) 除豆科作物外,大多数作物直接施用时需配施氮肥,调整氮磷比。

(4) 磷酸二铵是一种高磷低氮的高浓度肥料,能广泛应用于缺磷土壤的各种作物。若连续施用,会使土壤中磷素富积甚至过剩,增产效果逐渐下降。

19. 磷酸一铵的施用方法及注意事项有哪些？

磷酸一铵（$NH_4H_2PO_4$），又称磷酸铵，主产地在俄罗斯（原苏联），目前我国应用普遍，是一种以含磷为主的高浓度速效氮磷复合肥。含磷量 60% 左右，含氮量 12% 左右。外观为灰白色或淡黄颗粒。不易吸湿，不易结块，易溶于水。其化学性质呈酸性，pH 值 = 5.6。适用于各种作物和各类土壤，特别是在碱性土壤和缺磷较严重的地方，增产效果十分明显。磷酸一铵的施用方法和使用中应注意的一些问题，与磷酸二铵基本相同，详见磷酸二铵。

20. 一铵换二铵土壤能调酸吗？

磷酸二铵是一种碱性肥料，磷酸一铵是一种酸性肥料，因此，二者对土壤酸碱度都具有一定的调节作用。一般说来，偏碱土壤，要减少二铵的使用，增加一铵的使用，而酸性土壤要注意增加二铵的使用，减少一铵的使用。在调酸的过程中，还应注意与其他肥料的合理搭配，才会有好的增产效果。

21. 如何合理使用钙镁磷肥？

钙镁磷肥是一种以含磷为主，同时含有钙、镁、硅等成分的多元肥料，颜色为灰色或暗绿色，含磷量 14%～18%，不吸湿不结块，也不溶于水，可以经久存放，属碱性化学肥料。

使用时注意事项：

（1）钙镁磷肥宜施入微酸性或酸性土壤中，效果最好。不能与硫酸铵、氯化铵、过磷酸钙等酸性肥料混合使用，以免发生化学反应而降低肥效。

（2）钙镁磷肥为枸溶性磷肥，肥效来得慢，持效期长。在一般情况下，它的施用时间最好比过磷酸钙提前 1～2 个月，宜作基肥一次性施下，全层深施，能加速有效磷的释放，利于作物吸收利用。作根外追肥，作物叶面不易吸收，因而效果差。由于钙镁磷肥肥效慢、肥效长，也可采用隔年施的办法，以提高利用率。

（3）钙镁磷肥则具有供给作物钙、硅等元素的能力，在缺硅、钙、镁的酸性土壤上效果好。因此，在喜钙的豆科作物和需硅的水稻、小麦上施用，效果会更好。

钾　肥

22. 什么是钾肥？钾肥的主要作用有哪些？

具有钾（K）标明量的单元肥料。钾元素常被称为"品质元素"。

它对作物产品质量的作用主要有：①能促使作物较好地利用氮，增加蛋白质含量；②使核仁、种子、水果和块茎块根增大，形状和色泽美观；③提高油料作物的含油量，增加果实中维生素C的含量；④加速水果、蔬菜和其他作物的成熟，使成熟期趋于一致；⑤增强产品抗碰伤和自然腐烂能力，延长贮运期限；⑥增加棉花、麻类作物纤维的强度、长度、细度、色泽和纯度。

钾可以提高作物抗逆性，如抗旱、抗寒、抗倒伏、抗病虫害侵袭的能力。

23. 如何正确施用钾肥？

要掌握钾肥的正确施用方法，应注意以下4个方面：

（1）因土施用。由于目前钾肥资源紧缺，钾肥应首先投放在土壤严重缺钾的区域。一般土壤速效钾低于80mg/kg时，钾肥效果明显，要增加施钾肥；土壤速效钾在80~120mg/kg时，暂不施钾。从土壤质地看，砂质土速效钾含量往往较低，应增施钾肥；黏质土速效钾含量往往较高，可少施或不施。缺硫又缺钾的土壤可施硫酸钾，盐碱地不能施氯化钾。

（2）因作物施用。施于喜钾作物如豆科作物、薯类作物、甘蔗、甜菜、棉花、烟等经济作物，以及禾谷类的玉米、杂交稻等。在多雨地区或具有灌溉条件，排水状况良好的地区大多数作物都可施用氯化钾，少数经济作物为改善品质，不宜施用氯化钾。根据农业生产对产品性状的要求及其用途决定钾肥的合理施用。此外，由于不同作物需钾量不同及根系吸钾能力不同，作物对钾肥的反应程度也有差异，从多年钾肥应用的结果看，玉米、棉花、油料作物上，钾肥的增产效果最好，可达到 11.7% ~ 43.3%，小麦等其他作物则次之。

（3）钾肥的施用方法。对大多数作物来说，钾肥应以基施为主，在施足有机肥情况下，也可基、追肥各半，而追肥宜早施。对砂质土壤，宜分次施用，以减少钾素的流失。

注意轮作施钾。在冬小麦、夏玉米轮作中，钾肥应优先施在玉米上。

（4）注意钾肥品种之间的合理搭配。对于烟草、糖类作物、果树应先用硫酸钾为好；对于纤维作物，氯化钾则比较适宜。由于硫酸钾成本偏高，在高效经济作物上可以选用硫酸钾；而对于一般的大田作物除少数对氯敏感的作物外，则宜用较便宜的氯化钾。

24. 怎样才能提高钾肥的利用率？

一是施于喜钾作物如豆科作物；二是施于缺钾的土壤；三是施于高产田；四是根据钾肥的特性合理施用，钾肥在土壤中移动性小，宜作基肥施于根系密集土壤中。

25. 常用的钾肥品种有哪些?

钾肥的品种较少,常用只有氯化钾和硫酸钾,其次是钾镁肥;草木灰中含有较多的钾,常当钾肥施用;还将少量窑灰钾作为钾肥施用。我国的钾肥资源较少,主要靠进口。

26. 氯化钾的施用方法及注意事项有哪些?

氯化钾(KCl)纯品为白色、淡黄色、砖红色的结晶体;有效成分(K_2O)含量通常在 60% 左右;有较强的吸湿性,易溶于水;呈化学中性、生理酸性,为速效性钾肥;适宜用于缺钾土壤及水稻等大田作物;同时也比较适宜在中性石灰性缺钾土壤上施用。

氯化钾的使用方法:

(1)不宜在对氯敏感的作物上施用,如烟草、甜菜、甘蔗、马铃薯、葡萄等。

(2)可作基肥、追肥,但不宜作种肥。因为氯化钾肥料中含有大量的氯离子,会影响种子的发芽和幼苗的生长。当用作基肥时,通常要在播种前 10~15 天,结合耕地将氯化钾施入土壤中;是为了把氯离子从土壤中淋洗掉。当把氯化钾用作追肥时,一般要求在苗长大后再追施。

(3)用量问题。掌握钾肥经济效益最大时的施用量。一般每亩的施用量控制在 7.5~10kg。对于保肥、保水能力比较差的砂性土,则要遵循少量多次施用的原则。

(4)氯化钾无论用作基肥还是用作追肥,都应提早施用,以利于通过雨水或利用灌溉水,将氯离子淋洗至土壤下层,清除或减轻氯离子对作物的危害。

使用氯化钾肥料时应注意的事项:

(1)氯化钾与氮肥、磷肥配合施用,可以更好地发挥其肥效。

（2）砂性土壤施用氯化钾时，要配合施用有机肥。

（3）酸性土壤一般不宜施用氯化钾，如要施用，可配合施用石灰和有机肥。

27. 硫酸钾的施用方法及注意事项?

硫酸钾（K_2SO_4）是白色或带灰黄色的结晶体，含 K_2O 50% 左右；易溶于水；吸湿性较低，不易结块，适合于配制混合肥料，物理性状优于氯化钾；硫酸钾为化学中性、生理酸性肥料，广泛适用于各种作物，特别是对氯敏感的作物；其使用方法有：

（1）用作基肥。旱田用硫酸钾作基肥时，一定要深施覆土，以减少钾的晶体固定，并利用作物根系吸收，提高利用率。

（2）用作追肥。由于钾在土壤中移动性较小，应集中条施或穴施到根系较密集的土层，以促进吸收。砂性土壤常缺钾，宜作追肥以免淋失。

（3）可用作种肥和根外追肥。作种肥亩用量 1.5～2.5kg，也可配制成2%～3%的溶液，作根外追肥。

使用硫酸钾应注意以下3个问题：

（1）对于水田等还原性较强的土壤，硫酸钾不及氯化钾，主要缺点是易产生硫化氢毒害。酸性土壤宜配合施用石灰。

（2）硫酸钾价格比较贵，在一般情况下，除对氯敏感的作物外，能用氯化钾的就不要用硫酸钾。

（3）对十字花科作物和大蒜等需硫较多的作物，效果较好。

中量元素肥料

28. 什么是中量元素肥料? 常用品种有哪些?

中量元素肥料主要是指硅、钙、镁、硫肥，这些元素在土壤中贮存较多，一般情况下可满足作物的需求，但随着氮、磷、钾高浓度而不含中量元素化肥的大量施用，以及有机肥施用量的减少，在一些土壤上表现出作物缺乏中量元素的现象，因此要有针对性地施用和补充中量元素的肥料。

常用品种为：硅肥主要有硅钙肥、硅锰肥、硅镁钾肥、硅酸钠等；钙肥主要有石灰、石膏、过磷酸钙、钙镁磷肥；镁肥主要有钙镁磷肥、硫酸镁、氯化镁等；硫肥主要有普通过磷酸钙、硫酸铵、硫酸镁、硫酸钾等。

29. 硅肥对作物的主要作用是什么？怎样科学施用？

（1）主要作用。硅进入植株体内有利于控制蒸腾，使叶片在强光和干旱条件下不至于过度萎蔫，从而提高光合作用效率；同时，硅还可以促进表层细胞硅质化，增强作物茎秆的机械强度，提高抗倒伏、抗病能力。土壤中硅的平均含量为32%，但可溶性的有效硅较低，难以被作物吸收，土壤越酸，质地越砂，有效硅含量越低。有些作物对硅吸收量很大，如水稻吸硅量约为氮磷钾吸收量总和的两倍，在缺硅的稻田中施用硅肥一般可增产10%左右。

（2）施用方法。硅肥一般多呈碱性，在酸性土壤施用，能中和酸性，可以减轻铝离子的毒害和减少磷的固定，改善作物磷素营养条件。同时硅、氮肥合理配施，可提高硅肥肥效。硅肥一般作基肥，施用在土壤有效硅含量小于90mg/kg，硅酸钠每亩施用20kg，硅钙肥每亩施用100kg。

30. 如何施用石灰和石膏？

施用生石灰可以中和酸性，消除毒害，增加土壤有效养分（钙肥料），改善土壤的物理性和减少病害等作用，但过量施用也会带来不良后果，因此在施用方法和用量上有讲究。

施用方法以撒施为好。施用量可根据土壤酸性程度和黏性状况来确定。大致为：强酸性（pH 值 = 4.5～5.0）黏性土每亩150kg、壤土或砂土每亩 50～100kg，酸性（pH 值 = 5.0～6.0）黏性土每亩 100kg、壤土或砂土每亩 50～75kg，微酸性（pH 值 = 6.0～6.5）黏性土每亩 50kg、壤土或砂土每亩 25kg。

施石灰容易加速土壤中有机物质分解，因此，施生石灰应与有机肥料如畜禽粪便、饼肥等配合施用。但不能与人畜尿、铵态氮肥、过磷酸钙混存或混用。一次施用后，可间隔 2～3 年。

石膏主要用于碱性土壤，既可以消除土壤碱性达到改土的作用，又可以提供给作物钙、硫营养的作用。改土消碱，一般亩施100～200kg，作基肥，结合灌排深施，与有机肥一起施用，后效长，不用每年都施用。作为钙硫肥施用，水田作基肥或追肥一般亩用量 5～10kg。

31. 镁肥的主要作用是什么？如何科学施用镁肥？

（1）主要作用。镁主要存在于叶绿素、植素和果胶质中，对光合作用有重要作用。镁离子是多种酶的活化剂，促进体内糖类转化及代谢，促进脂肪和蛋白质的合成。油料作物施镁可提高其含油量，镁还可以促进作物对硅的吸收。缺镁土壤施镁肥，可以提高磷肥效果。

（2）施用技术。①当土壤交换性镁（Mg^{2+}）含量低于50mg/kg 时，施用镁肥增产效果明显；钾素丰富的土壤和长期大量施用钾素的地区，以及酸性土壤施用石灰都易诱发土壤生理性缺镁。果树等经济作物对镁肥较为敏感，需量较大，水稻对镁的需要量小于甘蔗、马铃薯、柑橘等作物。②镁肥品种与施用。常用的镁肥含镁量为钙镁磷肥 8%～20%，硫酸镁 10%，氯化镁25%，白云石粉 11%～13%。酸性土壤以施用钙镁磷肥和白云石粉为好，碱性土壤以施用氯化镁或硫酸镁为宜。可用作基肥或追

肥，以 Mg 计算，每亩施 1~1.5kg。柑橘等果树，每株施硫酸镁
0.5kg。硫酸镁属于水溶性镁肥，可作根外追肥，喷施浓度为
1%~2%，亩喷施溶液 50kg 左右。

32. 硫肥的作用与施用？

硫能改善产品品质（如增加油料作物含油量），增强作物抗
旱、抗虫、抗寒能力，促进作物提前成熟。当土壤中有效硫含量
小于 12mg/kg 为临界值（菜园土壤中如果有效硫小于 40mg/kg
还是比较缺乏的），施用硫肥有明显的效果，亩施用量为 1.5~
2.0kg（S），常用硫肥品种过磷酸钙（含 S 12%）、硫基复合肥
（含 S 11%）、硫酸钾（含 S 17%）、硫酸铵（含 S 24%）。

微量元素肥料

33. 什么是微量元素肥料？使用微量元素肥料的作用和意义是什么？

微量元素包括锌、硼、钼、锰、铁、铜六元素。都是作物生
长必需的，仅仅是因为作物对这些元素需要量极小，所以称为微
量元素。

微量营养元素在作物体内多数是酶、辅酶的组成成分或活化
剂，对叶绿素和蛋白质的合成、光合作用或代谢过程，以及对
氮、磷、钾等养分的吸收和利用等均起着重要的促进和调节
作用。

作物对微量元素的需要量虽少，但在缺素或潜在缺素土壤上
施用相应的微肥，可大幅度提高作物的产量和改善农产品品质。
试验证明，钼肥对豆科作物，硼肥对甜菜、油菜、棉花和苹果、
柑橘、杨梅等果树作物，锌肥对水稻、玉米、果树、蔬菜，锰肥

对小麦、烟草、麻类等作物，都有增产作用，一般增产 10% 左右。在严重缺素的土壤上，施用相应的微肥甚至可以成倍增产。此外，施用微肥还能增加作物对病害、低温、高温和干旱等的抗性，但土壤中微元素含量过高或微肥施用过量，均可严重降低作物的产量和品质。

34. 为何提倡使用微量元素？它的丰缺指标是什么？

在 20 世纪 50—60 年代施用有机肥为主，化肥为辅的情况下，微量元素缺乏并不突出，随着大量元素肥料施用量成倍增加，作物产量大幅度提高，加之有机肥料投入比重下降，土壤缺乏微量元素状况也随之加剧。但是不同土壤质地，不同作物对微量元素的需求存在差异，应根据土壤微量元素有效含量确定其丰缺情况，做到缺素补素。

土壤微量元素有效含量丰缺指标

| 微量元素 | 分级 | | | | |
	很低（mg/kg）	低（mg/kg）	中（mg/kg）	高（mg/kg）	很高（mg/kg）
锌	<0.5	0.5~1.0	1.1~2.0	2.1~4.0	>4.0
硼	<0.25	0.25~0.5	0.51~1.0	1.1~2.0	>2.0
钼	<0.1	0.1~0.15	0.16~0.2	0.21~0.3	>0.3
锰	<5	5.0~10.0	10.1~20	20.1~30.0	>30
铁	<2.5	2.5~4.5	4.5~10	10~20	>20
铜	<0.1	0.1~0.2	0.2~1.0	1.1~2.0	>2.0

35. 如何科学施用锌肥？

缺锌主要发生在石灰性土壤，土壤有效磷含量低于 0.5mg/kg，可作为土壤缺锌的临界指标。

对缺锌敏感的作物有玉米、水稻、甜菜、大豆、菜豆、柑橘、梨、桃、番茄等，其中以玉米和水稻最为敏感。施用锌肥对防治水稻缺锌"坐蔸"和玉米缺锌"花白苗"，以及果树小叶病有明显作用。锌有促进作物细胞呼吸和碳水化合物代谢及对氧利用的作用。

目前，常用的锌肥品种为农用硫酸锌（一水硫酸锌和七水硫酸锌），施用方法有基施、追施、叶面喷施、浸种、拌种等。常用方法为叶面喷施，谷类作物、果树、蔬菜均可采用。小麦以拔节、孕穗期各喷一次，每亩每次喷施 0.2% ~ 0.4% 的硫酸锌溶液 50kg。玉米在苗期至拔节期每亩可喷施 0.2% 的硫酸锌溶液 50 ~ 70kg，连续喷施两次，可防治玉米"花白苗"的发生。果树叶面喷施硫酸锌溶液，在早春萌芽前用 3% ~ 4% 的浓度，萌芽后喷施浓度宜降至 1% ~ 1.5%，还可以用 2% ~ 3% 的硫酸锌溶液涂刷一年生枝条。

36. 作物缺锌症状及防治？

一般土壤有效锌低于 1.0mg/kg 时，作物出现缺锌症状。作物缺锌时植株矮小，节间短簇，叶片扩展和伸长受到抑制，出现小叶，叶片失绿黄化，并可能发展成红褐色。一般症状最先表现在新生组织上，如新叶失绿呈灰绿或黄白色，生长发育推迟，果实小，根系生长差。一般同一树上的向阳部位较荫蔽部位发病要重。水稻"倒缩稻"、玉米"白化苗"是典型缺锌症状。

锌肥施用：由于一般作物在生育前期就会出现缺锌症状，锌肥的施用以作基肥为主。用硫酸锌作基肥时，通常用量为每亩 1 ~ 2kg。叶面喷施用 0.15% ~ 0.3% 的硫酸锌。

37. 如何科学施用硼肥？

含游离碳酸钙的石灰性土壤和排水不好的草甸土易缺硼，其土壤有效硼缺乏的临界值为 0.25mg/kg。

对硼敏感的作物主要为豆科和十字花科作物（如油菜、花生、大豆等），其次为甜菜、果树、甘蔗、蔬菜和棉花等作物。谷类作物如水稻、小麦、玉米对硼不太敏感。施用硼肥对防治棉花的"蕾而不花"、油菜的"花而不实"、果树的"落花、落果"等症状，均有明显作用。硼肥对作物开花结果、加速体内碳水化合物运输、增强光合作用、形成豆科作物根瘤均有作用，能提高作物抗旱、抗寒能力，有利于防止作物发生生理病害。

硼肥品种有硼砂和硼酸，常用的为硼砂。其施肥方法以叶面喷施为主。用 0.1%～0.2% 的硼砂或硼酸溶液，每亩喷施 50kg 左右，喷施 2～3 次，油菜以幼苗后期、抽薹期、初花期喷施。果树在蕾期花期、幼果期喷施。需要注意的是，作物需硼要适量，否则易造成毒害，且硼肥有后效，一次肥效延续 3～5 年，不可连年使用。

38. 作物缺硼症状及防治？

一般土壤有效硼低于 0.2mg/kg 时，作物出现缺硼症状。硼在农作物体内移动性较差，缺硼症状，首先是新生组织生长受阻，根尖、茎尖生长受阻或停止；严重缺硼时，顶芽停止生长，逐步枯萎死亡，根系不发达，叶色暗绿，叶形变小、肥厚、皱缩，茎褐色心腐或空心，花发育不健全，蕾全脱落，花期延长，果、穗不实，块根、浆果心腐或坏死。油菜"花而不实"、花生"有果无仁"、芹菜"茎裂病"、萝卜"褐心病"、柑橘"石头果"都为典型的缺硼症状。

硼肥作基肥每亩用硼砂或硼酸 0.2～0.5kg 拌入基肥中施入，注意施用要均匀。由于基施硼肥后效长，不需要每年施用。硼肥作追肥于苗期或开花前期，叶面喷施 0.1%～0.2% 硼砂或硼酸溶液。

39. 如何正确施用铁肥？

缺铁时症状首先出现在顶部幼叶，一般开始时幼叶失绿，叶脉保持绿色，叶肉黄化或白化，但无褐色坏死斑，此后叶脉也失绿。

铁肥常用品种为硫酸亚铁（七水硫酸亚铁），施用方法有基施或追施，施入土壤应与有机肥混合施用，亩施 2.5kg；喷施浓度为 0.2%～1%；埋瓶法，应用于果树，0.3% 溶液装瓶插根；输液法，果树用 0.75% 溶液进行注输。

40. 作物缺铁症状及防治？

土壤易溶态铁含量低于 5.0mg/kg 时为缺乏。老叶片中的铁不能向新叶转移，作物缺铁表现在幼叶上。缺铁叶片失绿黄白化，心叶常白化，称失绿症。初期脉间褪色而叶脉仍绿，叶脉颜色深于叶肉，严重时叶片变黄，甚至变白。双子叶植物形成网纹花叶，单子叶植物形成黄绿相间条纹花叶。梨树"顶枯"、桃树"白叶病"是缺铁的典型症状。

铁肥品种主要有硫酸亚铁、EDTA 铁等，多采用 0.2%～0.5% 的浓度叶面喷施，果树也可采用树干注射、埋瓶的方法。

41. 作物缺铜症状及防治？

土壤络合态铜小于 0.2mg/kg（DTPA 法）时为缺乏。缺铜植株叶片畸形，生长瘦弱，新生叶失绿发黄，呈凋萎干枯状，叶尖发白卷曲，种子发育不良或不实。果树常发生树皮开裂，有胶状物流出，称"枝枯病"，果实小，果肉僵硬有时开裂。

铜肥的施用方法可作基肥，一般每亩 1～2kg；更多的是根外追肥，一般用 0.1%～0.2% 的硫酸铜。使用过程中一定要掌握好用量，要均匀喷施。

42. 作物缺钼症状及防治?

土壤有效钼含量低于 0.10mg/kg 时为缺乏。作物缺钼时脉间出现黄绿色斑点，边缘发生焦枯并向内卷曲成"杯形"。大豆缺钼时植株矮小，叶色褪淡，叶片上出现很多细小的灰褐色斑点，叶片增厚发皱，向下卷曲，根瘤发育不良。花椰菜"鞭尾病"是缺钼典型症状。

钼肥一般选择钼酸钠和钼酸铵，可以直接施入土壤，也可拌种、浸种和叶面喷施。土施每亩用量为 10~50g，并有数年的残效。叶面喷施常用 0.05%~0.1% 的钼酸铵。

43. 作物缺锰症状及防治?

土壤有效锰含量低于 10mg/kg（DTPA 法）时为缺乏。缺锰先在新叶失绿并有褐色坏死斑点出现，但褪绿程度比缺铁轻，黄、绿色界不够清晰，常有对光观察才比较明显的现象。叶片变薄易呈下披状。大豆后期缺锰，籽粒不饱满甚至出现坏死。菠菜"黄化病"是缺锰典型症状。

用硫酸锰作基肥时，每亩用量为 1~2kg。叶面喷施一般用 0.1%~0.2% 的硫酸锰。

44. 如何施用叶面肥?

（1）不同的叶面肥有不同的使用浓度，不是浓度越高越好，如含生长调节剂的叶面肥使用浓度适宜，会对作物生长起到促进作用，但浓度过高会抑制作物的生长，同时，叶面肥使用浓度过高会出现烧苗现象。一方面要根据产品说明书的要求进行浓度配制；另一方面要进行小面积试验，确定有效的施用浓度。另外，在配制叶面肥时应注意将喷雾器清洗干净，有些叶面肥可以与农药混合喷施，而有些则要求单独喷施，因此，要首先看清楚说明书上的要求。

（2）不同作物对叶面肥的反应不同。一般来说，双子叶植物如棉花、甘薯、马铃薯、油菜等叶面较大，角质层较薄，肥液容易渗透进去，因此，这类作物根外追肥的效果较好。单子叶植物如稻、麦、玉米等，叶面较小，角质层较厚，肥液渗透比较困难，叶面肥的增产效果差一些，尤其是水稻最为明显，大多数叶面肥在水稻上的增产效果都很低。

（3）不同作物、不同生育期，叶面肥的使用效果也不一样。有的叶面肥适合于生育前期喷，有的适合于生育后期喷，有的前后期都要喷，从多数试验结果看，前、中期喷施的效果要好于后期。另外，叶面肥的施用时期还与肥料品种有关，如增加植株的细胞分裂数量，从而达到提高作物产量的植物生长调节剂，应在生长前期喷施。而在油菜等作物花蕾期和始花期喷施含硼的微量元素肥料可防止"花而不实"，提高结荚率。豆科作物在始花期和始荚期喷施钼肥，可增加产量，提高品质。

（4）叶面肥溶解的好坏和稀释浓度对喷施效果影响很大，叶面肥的剂型有两种：固体和液体。特别是固体粉状的叶面肥溶解的较慢，放入喷雾器中，加水后，要充分搅拌，使它完全溶解后才喷，否则溶解不完全，一会儿喷得浓度低，一会儿喷得浓度高。浓度低了效果差，浓度高了有时会烧苗。液体肥料在稀释时也应严格按照说明书上的要求操作。

（5）喷施叶面肥时要注意天气、温度和湿度，应尽量使肥液有较长的时间附着在叶面上，供作物充分吸收。应选择在不刮风的天气，日照弱、温度较低时喷，一般在上午9：00以前，下午16：00以后，水分蒸发减弱，有利于作物吸收。空气湿度大的时候，叶面肥喷了以后不容易干，作物吸收得好，但下雨之前不要喷，以免喷施后被雨水冲洗掉。

（6）喷施叶面肥时要注意叶片的正反面都要喷到，喷均匀。

因为，叶片的气孔分布在叶片的正反两面，而有的作物背面的气孔数比正面还多，吸收得更好。植株的上、中、下部叶片、茎秆由于新陈代谢活力不同，吸收外界营养的能力也不同，上、中部叶片生命力最旺盛，吸收营养物质的能力也最强，同时，它们的光合作用能力也最强，通过光合作用制造的养分也最多。

（7）叶面施肥与土壤施用有机肥（底肥）相结合，且注意氮、磷、钾肥配合，将有利于满足作物全生育期多种营养元素的需要，效果会更好。

多元肥料

45. 什么是复混肥料？其种类有哪些？

复混肥料是指氮、磷、钾三种养分中，至少有两种养分由化学和（或）掺混方法制成的肥料。含氮、磷、钾任何两种元素的肥料称为二元复混肥。同时含有氮、磷、钾三种元素的复混肥称为三元复混肥，并用 $N-P_2O_5-K_2O$ 的配合式表示相应氮、磷、钾的百分比含量。

复混肥料根据氮、磷、钾总养分含量不同，可分为低浓度（总养分≥25%），中浓度（总养分≥30%）和高浓度（总养分≥40%）复混肥和掺混肥料。

（1）复合肥料。单独由化学反应而制成的，含有氮、磷、钾中的两种或两种以上元素的肥料。有固定的分子式的化合物，具有固定的养分含量和比例。如磷酸二氢钾、硝酸钾、磷酸一铵、磷酸二铵等。

（2）复混肥料。是以现成的单质肥料（如尿素、磷酸铵、氯化钾、硫酸钾、普钙、硫酸铵、氯化铵等）为原料，辅之以添加物，按一定的配方配制、混合、加工造粒而制成的肥料。目前市场上销售的复混肥料绝大多数都是这类肥料。

（3）掺混肥料。又称配方肥、BB 肥，它是由两种以上粒径相近的单质肥料或复合肥料为原料，按一定比例，通过简单的机械掺混而成，是各种原料的混合物。这种肥料一般是农户根据土壤养分状况和作物需要随混随用。

46. 复混肥的主要优点有哪些？如何施用？

主要优缺点：

（1）具有多种营养元素，养分配比比较合理，肥效和利用率都比较高。它的化学成分虽不及复合肥料均一，但同一种复混肥的养分配比是固定不变的，复混肥料可以根据不同类型土壤的养分状况和作物的需肥特性，配制成系列专用肥，针对性强，肥效显著，肥料利用率和经济效益都比较高。

（2）具有一定的抗压强度和粒度，物理性能好，施用方便。

（3）养分齐全，促进土壤养分平衡。农民习惯上多施用单质肥，特别是偏施氮肥，很少施用钾肥，有机肥的施用也越来越少，极易导致土壤养分不平衡。

（4）有利于施肥技术的普及。测土配方施肥是一项技术性强、要求高，面广量大的工作，如何把这项技术送到千家万户，一直是难以解决的问题。将配方施肥技术通过专用复混肥这一物化载体，真正做到技物结合，能较好地解决上述难题，从而大大加速了配方施肥技术的推广应用。

存在的缺点：一是所含养分同时施用，有的养分可能与作物最大需肥时期不相吻合，易流失，难以满足作物某一时期对养分的特殊要求；二是养分比例固定的复混肥料，难以同时满足各类土壤和各种作物的要求。

复混肥料可作基肥和追肥，不同作物和不同土壤应选择不同类型的复混肥料。

①低浓度复混肥：一般用于生育期短、经济价值低的作物。中、高浓度复混肥适宜于生育期长的多年生、需肥量大、经济价值高的作物。

②硫基型复混肥：一般适宜于旱地、对氯敏感的经济作物，含氯复混肥一般在稻田、多雨地区及对氯不敏感的作物上施用。

③含硝酸磷的复混肥：不宜在水稻田和多雨地区的坡地施用。含钙镁磷肥的复混肥料适宜在酸性土壤上施用。

47. 复混肥料的使用原则是什么？

（1）选择适宜的复混肥料品种。复混肥料施用，要根据土壤的农化特性和作物的营养特点选用合适的肥料品种。如果施用的复混肥料，其品种特性与土壤条件和作物的营养习性不相适应时，轻者造成某种养分的浪费，重则可导致减产。

（2）复混肥料与单质肥料配合使用。复混肥料的成分是固定的，难以满足不同土壤、不同作物甚至同一作物在不同生育期对营养元素的不同要求，也难以满足不同养分在施肥技术上的不同要求。在施用复混肥料的同时，应针对复混肥的品种特性，根据当地的土壤条件和作物的营养习性，配合施用单质化肥，以保证养分的协调供应，从而提高复混肥料的经济效益。

（3）根据复混肥料特点，选择适宜的施用方式。复混肥料的品种较多，它们的性质也有所不同，在施用时应采取相应的技术措施，方能充分发挥肥效。

一般来讲，复合肥做种肥，其效果优于其他单质肥料，用磷酸铵等复合肥作种肥，再配合单质化肥作基肥、追肥，其效果往往比较好。磷酸二氢钾最好用作叶面喷施或浸种。含铵复合肥也可深施盖土，以减少损失。

48. 复混肥料的施用方法及注意事项有哪些?

（1）施肥量。复混肥的施肥量以氮量作为计量依据。复混肥含有多种养分，大部分属氮、磷、钾三元型。除用于豆科作物的专用肥以磷、钾肥为主外，都以氮为主要养分。对一个地区的某种作物，实际计算施肥量时，可从当地习惯施用的单一氮肥用量换算。施用量按复混肥中氮量计算，还可方便于比较不同土壤和不同作物的施肥水平。一般大田作物施用 50kg/亩，经济作物施用 100kg/亩。

（2）施肥时期。为使复混肥中的磷、钾（尤其是磷）充分发挥作用，作基肥施用要尽早。一年生作物可结合耕耙施用，多年生作物（如果树）则较多集中在冬春施用。若将复混肥料作追肥，也要早期施用，或与单一氮肥一起施用。

（3）施肥深度。施肥深度对肥效的影响很大，应将肥料施于作物根系分布的土层，使耕作层下部土壤的养分得到较多补充，以促进平衡供肥。随着作物的生长，根系将不断向下部土壤伸展。除少数生长期短的作物外，大多数作物中晚期吸收根系可分布到 30~50cm 的土层。早期作物以吸收上部耕层养分为主，中晚期从下层吸收较多。因此，对集中作基肥的复混肥分层施肥处理，较一层施用肥效可提高 4%~10%。

49. 怎样计算复混肥料的施用量?

复混肥料有很多品种和规格，盲目地施用必然会造成某些营养元素的过量或不足，从而影响肥料的增产效果，增加肥料的投入，最终导致效益的下降。因此，在复混肥料使用时，首先应当确定适宜的施肥量。下面列举两例，说明如何根据复混肥的成分养分含量和作物施肥的要求确定肥料用量。

例 1：要求每亩用肥量为纯氮（N）10kg、五氧化二磷

（P_2O_5）5kg，氮磷施用比例为 1：0.5。其中磷素都作基肥，氮素的一半作追肥，即基肥中应包含 5kg 氮和 5kg 五氧化二磷。选用的复混肥品种为磷酸二铵，其含氮 18%、五氧化二磷 46%。计算步骤如下：

计算亩施 5kg 五氧化二磷需要的磷酸二铵数量，用五氧化二磷除以磷酸二铵中含五氧化二磷的百分数（46%），得出 5÷46%＝10.87kg，即亩施 5kg 五氧化二磷需要磷酸二铵 10.87kg。

计算 10.87kg 磷酸中的含氮量，用磷酸二铵中氮的百分含量（18%）乘以 10.87kg，得出 10.87×18%＝1.935kg，需补充 5-1.935＝3.065kg 单质氮肥，才能达到 5kg 的氮素要求。

若以碳酸氢铵补充，已知碳酸氢铵的含氮量为 17%，则应补加的碳酸氢铵数量为 3.065÷17%＝18kg。

若以尿素作追肥补充，已知尿素的氮含量为 46%，则作追肥用尿素为 5÷46%＝10.87kg。

上述计算说明，作基肥施用的肥料用量应为磷酸二铵 10.87kg 和碳酸氢铵 18kg，作追肥用尿素 10.87kg。

例 2：要求每亩用肥量为氮（N）10kg、五氧化二磷（P_2O_5）5kg、氧化钾（K_2O）5kg，氮、磷、钾施用比例为 1：0.5：0.5。其中磷素和钾素都作基肥，氮素的一半作追肥，即基肥中应包括 5kg 氮、5kg 五氧化二磷和 5kg 氧化钾。选用的复混肥品种为 N：P_2O_5：K_2O＝12：5：8。计算方法同例 1，步骤如下：

计算亩施 5kg K_2O 需要的三元复混肥数量，即 5÷8%＝62.5kg，计算 62.5kg 三元复混肥中含氮量和含磷量，含 N 量为 62.5×12%＝7.5kg，含 P_2O_5 为 62.5×5%＝3.125kg。需补充 N 为 10-7.5＝2.5kg，P_2O_5 为 5-3.125＝1.875kg。

以含 46% 的尿素补充 N 素，需要数量为 2.5÷46%＝5.435kg，以含 P_2O_5 12% 的过磷酸钙补充磷素，需要数量为

1.875÷12%＝15.625kg。

由计算得知，作基肥的三元复混肥用量为 62.5kg，尚需过磷酸钙 15.625kg，同时施用，另用尿素 5.435kg 作追肥。

50. 哪些肥料不能混用？

（1）人畜粪便等农家肥不能与草木灰、石灰氮、石灰、钙镁磷肥等碱性肥料混用。人畜粪便中的主要成分是氮，与强碱性肥料混用，则会中和而失效。

（2）过磷酸钙不能与草木灰、石灰氮、石灰等碱性肥料混用，否则会降低磷的有效性。磷矿粉、骨粉等难溶性磷肥，也不能与草木灰、石灰氮、石灰等碱性肥料混用，否则会中和土壤内的有机酸类物质，使难溶性磷肥更难溶解，作物无法吸收利用。

（3）钙镁磷肥等碱性肥料不能与铵态氮肥混施。碱性肥料若与铵态氮肥如碳酸氢铵、硫酸铵、硝酸铵、氯化铵等混施，则会增加氨的挥发损失、降低肥效。

（4）未腐熟的农家肥不能与硝酸铵混施。否则，未腐熟的农家肥在分解腐烂过程中氮素会受损失，降低肥效。

（5）化学肥料不能与细菌性肥料混用。化学肥料有较强的腐蚀性、挥发性和吸水性，若与根瘤菌等细菌性肥料混合施用，会杀伤或抑制活菌体使细菌性肥料失效。

51. 什么是化肥的相容性？哪些化肥能够混用？

所谓化肥混用的相容性是在作物施肥时，几种肥料混合在一起施用，肥分不损失，有效性不降低，以达到利于性状改善，肥效相互促进，节省劳力的目的。但是，不同化肥的理化性质有差异，混合是将产生化学反应，影响肥料肥效，因此，有些肥料能混合使用，有些肥料混合后应马上施用，有些肥料不能混合施用。一般来说，不稳定的肥料如碳酸氢铵只能单独施用，酸性肥料不能与碱性肥料混合使用。各种肥料能否混合施用，详见肥料可否混合施用查对表。

肥料可否混合施用查对表

肥料名称	碳酸氢铵	硫酸铵	氯化铵	硝酸铵	尿素	过磷酸钙	钙镁磷肥	重钙	氯化钾	硫酸钾	磷酸一铵	磷酸二铵	石灰
碳酸氢铵		×	×	×	△	×	×	×	×	×	×	×	×
硫酸铵	×		○	△	○	○	△	○	○	○	○	○	×
氯化铵	×	○		△	△	○	○	○	○	○	○	○	×
硝酸铵	×	△	△		×	○	×	○	○	○	○	○	×
尿素	△	○	△	×		○	△	○	○	○	○	○	△
过磷酸钙	×	○	○	○	○		△	○	○	○	○	○	×
钙镁磷肥	×	△	○	×	○	△		△	○	○	○	○	○
重钙	×	○	○	○	○	○	△		○	○	○	○	×
氯化钾	×	○	○	○	○	○	○	○		○	○	○	○
硫酸钾	×	○	○	○	○	○	○	○	○		○	○	○
磷酸一铵	×	○	○	○	○	○	○	○	○	○		○	○
磷酸二铵	×	○	○	○	○	○	○	○	○	○	○		×
石灰	×	×	×	×	△	×	○	×	○	○	○	×	

注：○表示能混合；△表示能混合但混合后应立即使用；×表示不能混合

有机肥及生物有机肥

52. 农家肥为什么要腐熟后才能施用？

提高农家肥质量的关键，是在施用前采取堆积的方式使之腐熟，提高肥料有机质量，因为富含有机质的有机肥料，其养分形态绝大多数是迟效性的，作物不能直接吸收利用，如果把未腐熟的有机肥料施入土壤中，往往由于分解缓慢，不但当季肥效差，同时还会滋生杂草和传播病菌、虫卵等。在农业生产上为克服这些缺点，对于厩肥和堆肥等这类有机肥料，常在施用前采取堆积的方式使之腐熟。腐熟的目的是为了释放养分，提高肥效，避免肥料在土壤中腐熟时产生某些对农作物不利的因素（如与幼苗争夺水分、养分或因局部地方产生高温，氨浓度过高而引起烧苗等）。只有腐熟的有机肥料才能有显著改善土壤性质的作用。

有机肥料的腐熟是通过微生物的活动，使有机肥料发生两个方面的变化：一方面是有机质的分解，增加肥料中的有效养分；另一方面使肥料中的有机质由硬变软，质地由不均匀变得均匀，还可将杂草种子和病菌、虫卵大部分杀死，从而更符合农业生产的要求。

53. 秸秆还田有哪些好处？

秸秆还田就是把作物秸秆直接或间接施入地内，增加土壤有机质，提高土壤肥力。好处是：

（1）改善土壤理化性质。秸秆还田后，由于新鲜腐殖质是在土体内部形成的，可以随即与土粒结合，促进土壤团粒结构的形成，改善土壤的物理性质。

（2）供给养分。秸秆直接还田时，一方面，能促进固氮微生物的固氮作用，从而增加了土壤中的氮素。另一方面，秸秆还田有一定的保氮作用。这是因为秸秆可供给微生物生命活动所需要的能量（碳素），由于微生物的活动及繁殖结果，吸收了土壤中的速效氮以合成体细胞，从而使氮素得到了保存。同时，秸秆还田对于微量元素的补充也有一定的作用。

（3）秸秆直接还田，可大大节约积肥、运肥劳力。

54. 常用的小麦秸秆还田方法有哪些?

（1）小麦秸秆切碎直接还田。该技术就是在机械化收割水平较高的地方，利用大型联合收割机加装秸秆切碎机，在小麦收获时直接将秸秆切碎还田，切碎的秸秆长 4~6cm，直接抛撒于地表。旱地利用免耕施肥播种机播种玉米、大豆等旱作作物，实现机器进地 2 次，完成收获、播种、施肥等工序。实施小麦切碎直接还田要注意秸秆抛撒均匀，如果不匀，则厚处很难耕翻入土，使田面高低不平，易造成作物出苗不匀、生长不齐等现象。此外，还需注意调节秸秆碳氮比，每亩可增施尿素 5~7kg。

（2）小麦秸秆覆盖还田。就是夏季作物在适时播种、定苗、中耕和施足肥料的基础上，将麦穰、麦糠直接撒于大豆、棉花、玉米等旱作作物行间，利用夏季降水和田间高温有利条件，就地沤制覆盖秸秆，达到蓄水保墒、培肥地力的目的，是秸秆还田的重要方式之一。该项技术投入少，操作方便，简单易行，效果显著。实施小麦秸秆覆盖还田首先要注意选好作物品种，秸秆覆盖后因土壤墒情好，作物生长旺盛，所以应选用高产、中早熟品种。要选择适宜的覆盖时期，大豆、玉米和棉花的适宜覆盖时期分别在分枝期、拔节初期（小喇叭口期）和花蕾期。要掌握适宜的覆盖量，一般覆盖量以每亩 250~300kg 为宜。另外，还需要注意增施氮肥，一般亩增施尿素 3~5kg。

（3）小麦高留茬还田。就是在小麦成熟后，割取穗部脱粒，一般留茬高度 20~30cm。直接免耕播种或利用旋耕机将小麦秸秆粉碎与土壤充分混合后，播种玉米、大豆等夏季作物。秸秆留高茬还田，技术简单，省工、省力，成本较低。实施小麦高留茬还田直接免耕播种的要在 7 月中旬结合中耕除草，拔除麦茬，将之覆盖于作物行间地表。此外，还应注意亩增施 3~5kg 尿素，调节秸秆碳氮比，促进秸秆腐烂。

（4）小麦秸秆快速腐熟还田。就是利用秸秆腐熟剂快速腐熟秸秆的技术。按照1 000kg秸秆、2kg快速腐熟剂和3~5kg尿素的配比，先将腐熟剂与尿素对水混合均匀，然后将收集起来的小麦秸秆按照15~20cm的厚度逐层堆放，每堆放一层均匀喷洒腐秆剂稀释液一次，再加铺一层薄土，逐层堆放，堆高以1.2m左右为宜，外糊一层泥土或覆膜，防止水分损失，25~30天秸秆便可完全腐熟。该技术方法简便、腐熟速度快、养分含量高。实施小麦秸秆快速腐熟还田需要注意腐熟剂不能与杀菌剂混合施用。

55. 如何进行高温堆肥？

高温堆肥是实施"沃土工程"、提高土壤肥力的主要内容之一，也是秸秆还田的重要途径。高温堆肥具有取材广泛、简便易行、净化环境、减少污染、改良土壤、培肥地力、成本低、养分全等诸多优点，深受农民朋友欢迎。高温堆肥技术要点如下：

选择距水源较近，运输方便的地方，肥堆大小视场地和材料多少而定。首先把地面捶实，然后于底部铺上一层干细土，再在上面铺一层未切碎的玉米秆作为通气床（厚约26cm）然后在床上分层堆积材料，每层厚约20cm，并逐层浇入人粪尿（下少上多），为保证堆内通气，在堆料前按一定距离直插入木棍，使下面与地面接触，堆完后拔去木棍，余下的孔道作为通气孔，堆肥材料包括秸秆、人畜粪尿和细土。其配比为3∶2∶5，配料时加入2%~5%的普通过磷酸钙混合堆沤，可减少磷素固定，使磷肥肥效明显提高。按肥料比例混合后，调节水分为湿重的50%，一般以手握材料有水滴为宜，在肥堆四周挖深30cm、宽30cm左右的沟，把土培于四周，防止粪液流失。最后，用泥封堆3~5cm，堆好后2~8天，温度显著上升，堆体逐渐下陷，当堆内温度慢慢下降时，进行翻堆，把边缘腐熟不好的材料与内部的材料混合均匀，重新堆起，如发现材料有白色菌丝体出现，要适量加水，然后重新用泥封好，待达到半腐熟时压紧密封待用。

堆肥腐熟的标志：完全腐熟时作物秸秆的颜色为黑褐色至深褐色，秸秆很软或混成一团，植株残体不明显，用手抓握堆肥可挤出汁液，滤出后无色有臭味。

56. 有机肥料有哪些主要特性？

有机肥料是一种完全肥料，它不仅含有大量元素和许多微量元素，而且还含有一些植物生长所需的激素和多种土壤有益微生物，其主要特性有：

改善土壤养分状况。有机肥料施入土壤后，经过微生物的分解转化，变成作物能够吸收利用的有效养分，提高土壤供肥能力。有机肥料中的有机酸与钙、镁、铁、铝形成稳定性很强的络合物，从而减少磷的固定和铁、铝的毒害。有机酸及其盐类对土壤酸碱度具有缓冲作用，提高土壤的缓冲能力。

改良土壤结构。有机肥料在微生物的作用下形成的腐殖质是一种有机胶体，能将土粒结合在一起，形成稳定的团粒结构，增加土壤的通气性和透水性，改善土壤的水、肥、气、热状况，有利于作物生长。

促进微生物活动。有机肥料为微生物活动提供大量的能源物质，不仅可以加速有机质本身所含养分的分解、转化和释放，而且有助于土壤中原有的磷、钾等矿质养分的释放，加速土壤中生物小循环的过程，有利于土壤有效肥力的进一步提高。

57. 怎样判断有机肥的优劣？

有机肥料是用畜禽粪便等有机废弃物质加工而成的，其质量优劣可通过"一看、二摸、三水泡"来判断。

一看：看有机肥料外观颜色，物理方法干燥的有机肥料，仍保持原粪便的颜色，只是水分减少，通过堆肥技术处理的有机肥料腐熟后颜色变为褐色或黑褐色，在成品中没有其他杂质。

二摸：用手抓一把优质有机肥料，其手感一致，湿时柔软有弹性，干时很脆，容易破碎，劣质有机肥料用手可以摸到杂质，特别是沙子。

三水泡：拿两杯清水，分别放入一些优质和劣质有机肥料，几分钟就可分别出真伪。有机肥料掺假一般是加入沙子或土来增加重量。优质有机肥料在水中分布均匀，而劣质有机肥料的杯底沉入很多沙子或土，区别明显。

58. 有机肥料施入土壤后是怎样转化的？

有机肥料施入土壤后向两个方向转化。一是把复杂的有机质分解为简单的化合物，最终变成无机化合物，即矿质化过程；二是把有机质矿化过程形成的中间产物合成为比较复杂的化合物，即腐殖化过程。

矿质化过程进入土壤的有机肥料在微生物分泌的酶作用下，使有机物分解为最简单的化合物，最终变成二氧化碳、水和矿质养分，同时释放出能量。这种过程为植物和微生物提供养分和活动能量，有一部分最后产物或中间产物直接或间接地影响土壤性质，并提供合成腐殖质的物质来源。这些有机质包括糖类化合物、含氮有机化合物、含磷有机化合物、核蛋白、磷脂、含硫有机化合物、含硫蛋白质、脂肪、单宁、树脂等。土壤有机质的矿化过程，一般在好气条件下进行速度快，分解彻底，放出大量的热能，不产生有毒物质；在厌氧条件下，进行速度慢，分解不彻底，放出能量少，其分解产物除二氧化碳、水和矿质养分外，还会产生还原性的有毒物质，如甲烷、硫化氢等。旱地土壤中有机质一般以好气性分解为主，水稻田则以厌氧分解为主，只有在排水晒田，冬种旱作时，才转为以好氧为主的分解过程。

腐殖化过程是在土壤微生物所分泌的酶作用下，将有机质分解所形成的简单化合物和微生物生命活动产物合成为腐殖质。土壤腐殖质的形成一般分为两个阶段：第一阶段，微生物将有机残体分解并转化为较简单的有机化合物，一部分在转化为矿化作用最终产物时，微生物本身的生命活动又产生再合成产物和代谢产物。第二阶段，再合成组分，主要是芳香族物质和含氮的蛋白质类物质，缩合成腐殖质分子。腐殖质是黑褐色凝胶状物质，分子量大、具有多种有机酸根离子、不均质的无定型的缩聚产物。在一定条件下，可与矿物质胶体结合为有机无机复合胶体。腐殖质在一定的条件下也会矿质化、分解，但其分解比较缓慢，是土壤有机质中最稳定的成分。

59. 每年要施多少有机肥可使土壤肥力得到保持或提高？

每年向土壤中施有机肥的数量，南方与北方不同，水田和旱地不同，砂土地与黏土地不同，地下水位低和地下水位高的田不同。其实质是指有机质的矿化率不同。土壤有机质的矿化率，南方比北方大，旱地比水田大，砂土地比黏土地大，犁冬田比浸冬田大，地下水位低比地下水位高的田大。

土壤有机质的施入量一般可这样估算。如有一块田，其土壤有机质含量为 2%，耕作层土壤的总重量为 15 万 kg，土壤原有的有机质矿化率为 4%，这块田一年中土壤原有的有机质的分解量为：$150\ 000 \times 2\% \times 4\% = 120kg$。

若要使这块田的土壤有机物质保持在 2% 的水平，每年至少要补充土壤有机质 120kg。但是施入的有机物质，其当年的矿化率为 75% 左右，剩下的只有 25% 左右，因此要使上述这块田的土壤有机物质含量得到保持，每年施入有机质至少 $120 \times 4 =$

480kg 才行。

60. 有机肥在配方施肥技术中有什么作用？

从农业生产物质循环的角度看，作物的产量越高，从土壤中获得的养分越多，需要以施肥形式，特别以化肥补偿土壤中的养分。随着化肥施用量的日益增加，肥料结构中有机肥的比重相对下降，农业增产对化肥的依赖程度越来越大。在一定条件下，施用化肥的当季作用确实很大，但随着单一化肥用量的逐渐增加，土壤有机质消耗量也增大，造成土壤团粒结构分解，协调水、肥、气、热的能力下降，土壤保肥供肥性能变差，将会出现新的低产田。配方施肥要同时达到发挥土壤供肥能力和培肥土壤两个目的，仅仅依靠化肥是做不到的，必须增施有机肥料。有机肥的作用，除了供给作物多种养分外，更重要的是更新和积累土壤有机质，促进土壤微生物活动，有利于形成土壤团粒结构，协调土壤中水、肥、气、热等肥力因素，增强土壤保肥供肥能力，为作物高产优质创造条件。所以，配方施肥不是几种化肥的简单配比，应以有机肥为基础，氮、磷、钾化肥以及中、微量元素配合施用，既获得作物优质高产，又维持和提高土壤肥力。

61. 我国商品有机肥料的主要类型有哪几种？

目前，我国含有机成分的商品有机肥料大致可分为精制有机肥料、有机无机复混肥料、生物有机肥料 3 种类型。其中以有机无机复混肥料为主。

（1）精制有机肥料。指经过工厂化生产，不含有特定肥料效应的微生物的商品有机肥料，以提供有机质和少量大量营养元素养分为主。精制有机肥料作为一种有机质含量较高的肥料，是绿色农产品、有机农产品和无公害农产品生产的主要肥料品种。

（2）有机无机复混肥料。由有机和无机肥料混合或化合制

53

成，既含有一定比例的有机质，又含有较高的养分。目前，有机无机复混肥料占主导地位，这与我国当前科学施肥所提倡的"有机无机相结合"的原则是相符的。

（3）生物有机肥料。指经过工厂化生产，含有特定肥料效应的微生物的商品有机肥料。除了含有较高的有机质外，还含有改善肥料或土壤中养分释放能力的功能性微生物。随着生物技术的发展和突破，生物有机肥料的发展前景是相当可观的。

62. 什么是生物有机肥？

目前国内外对生物有机肥还没有一个统一的定义，许多专家认同的概念是：生物有机肥技术是以畜禽粪便、城市生活垃圾、农作物秸秆、农副产品和食品加工产生的有机废弃物为原料，配以多功能发酵菌种剂，使之快速除臭、腐熟、脱水，再添加功能性微生物菌剂，加工而成的含有一定量功能性微生物的有机肥料统称为生物有机肥。

"生物有机肥"是指含有大量生物物质与有益微生物、一种完全可以取代传统化肥的新一代肥料。生物有机肥含有农作物所需要的各种营养元素和丰富的有机质。既具有无污染、无公害，肥效持久，壮苗抗病，改良土壤，提高产量，改善品质等诸多优点，又能克服大量使用化肥、农药带来的环境污染、生态破坏、土壤地力下降等弊端。

63. 生物有机肥与农家肥有何区别？

农家肥是指农民自行将畜禽粪便、厩肥或农作物秸秆等堆制而成的有机肥料。二者之间的区别：

（1）有益微生物差异。生物有机肥含有大量的有益微生物，其活动能够改善土壤理化性状，抑制有害微生物的生长，促进作物生长；农家肥微生物含量较少，有益微生物和有害微生物共生。

（2）肥效差异。生物有机肥发酵时间短，腐熟彻底，养分损失少，肥效相对较快；农家肥露天长时间堆制，养分特别是氮素养分损失较多。

（3）安全性差异。生物有机肥经过有益微生物的作用，基本消灭了畜禽粪便中原有的对作物有害的虫卵和病原菌；农家肥自然发酵，不受人为因素的控制，内含对作物生长有害的病虫。另外，生物有机肥经过发酵，充分腐熟后施入土壤，不会造成作物烧根烧苗，而农家肥腐熟不彻底，用量稍大，就会出现烧根烧苗，导致减产。

64. 生物有机肥怎样为作物提供营养？

生物有机肥从多方面为作物生长提供营养。生物有机肥含有丰富的有机质和各种养分，它不仅可以为植物提供直接养分，而且可以活化土壤中的潜在养分，增强微生物活性，促进营养物质转化。丰富的有机质还能改善土壤物理性状，增加土壤团粒结构，增强土壤保肥和供肥能力，提高化肥利用率，间接为作物提供养分。生物有机肥中的有益微生物本身没有肥效，但在繁殖过程中向土壤分泌多种代谢产物，拮抗有害微生物，促进土壤中养分的转化，提高土壤养分的有效性，改善作物的营养条件，增加土壤肥力。

65. 如何施用生物有机肥？

生物有机肥根据作物的不同选择不同的施肥方法，常用的施肥方法有：

撒施法：结合深耕或在播种时将生物有机肥均匀地施在根系集中分布的区域和经常保持湿润状态的土层中，做到土肥相融。

条状沟施法：条播作物或葡萄、猕猴桃等果树，开沟后施肥播种或在距离果树 5cm 处开沟施肥。

环状沟施法：苹果、桃、柑橘等幼年果树，距树干 20 ~ 30cm，绕树干开一环状沟，施肥后覆土。

放射状沟施：苹果、桃、柑橘等成年果树，距树干 30cm 处，按果树根系伸展情况向四周开 4~5 个 50cm 长的沟，施肥后覆土。

穴施法：点播或移栽作物，如玉米、棉花、番茄等，将肥料施入播种穴，然后播种或移栽。

拌种法：玉米、小麦等大粒种子，用 4kg 生物有机肥与亩用种子量拌匀后一起播入土壤；油菜、烟草、蔬菜、花卉等小粒种子，用 1kg 生物有机肥与亩用种子量拌匀后一起播入土壤。

蘸根法：对移栽作物，如水稻、番茄等，按生物有机肥加 5 份水配成肥料悬浊液，浸蘸苗根，然后定植。

盖种肥法：开沟播种后，将生物有机肥均匀地覆盖在种子上面。

66. 生物有机肥用量是不是越多越好？

施入生物有机肥能够改良土壤结构，为作物和土壤微生物生长提供良好的营养和环境条件。土壤中施入较多的生物有机肥虽然不会出现像未腐熟的有机肥料那样的烧根烧苗现象，但并不是施得越多就越好。这是因为农作物产量的高低与土壤中养分含量最低的一种养分相关，土壤中某种营养元素缺乏，即使其他养分再多，农作物的产量也不会再增加。只有向土壤中补偿缺少的最小养分后，农作物产量才能增加。另外，当施肥量超过最高产量施肥量时，作物的增产量随施肥量的增加而减少，生产投入成本增加而收益却减少，在经济上也不合算。因此，不可盲目大量施用生物有机肥，应根据不同作物的需要和土壤养分状况，科学地确定施肥量，才能达到增产增收的目的。

67. 生物有机肥能作种肥吗？

种肥是指在播种或定植时，将肥料施于种子或幼株附近，或将肥料与种子或幼株混施的施肥方法。用生物有机肥作种肥，一方面能供给幼苗养分，特别是满足幼苗营养临界期对养分的需求，另一方面能改善种子床和苗床物理性状，为幼苗生长发育创造良好的生长条件。

种肥可采用拌种、蘸根、条状沟施、穴施和盖种肥等方法。

68. 生物有机肥可以用作追肥吗？

追肥是在作物生长发育期间，为及时补充作物生长发育过程中对养分的阶段性需求而采用的施肥方法。追肥能促进作物生长发育，提高作物产量和品质。生物有机肥追施的方法有土壤深施和根外追肥两种。

土壤深施一般将生物有机肥施在根系密集层附近，施后覆土，以免造成养分挥发损失。根外追肥是将生物有机肥与 10 倍的水混合均匀，静置后取其上清液，借助喷雾器将肥料溶液喷洒在作物叶面，以供叶面吸收。

69. 化肥与生物有机肥混合施用有什么好处？

化肥与生物有机肥混合施用的好处有：

（1）提高化肥的肥效。如过磷酸钙等施入土壤后易被土壤固定而失效，与生物有机肥混合后施用，减少了化肥与土壤的接触面，减少养分的固定，同时化肥也可以被生物有机肥吸收保蓄，减少养分流失。

（2）减少化肥施用后可能产生的某些副作用。单独施用较大量化肥或化肥施用不均匀时，容易对作物产生毒副作用，如长期施用生理酸性肥料，会使土壤变酸，产生过多的活性铁、活性铝等有毒物质，如过多游离酸的过磷酸钙，作种肥时会影响种子发芽和幼苗生长，若与生物有机肥混合后施用，则不会发生此类问题。

（3）增加作物养分。化肥只能为作物提供一种或几种养分，长期施用，作物会产生缺素症。生物有机肥所含养分全面，肥效稳而长，含有大量的有益微生物和有机质，能够改善土壤理化性质和微生物区系，增强土壤中酶的活性，有利于养分转化。

70. 生物有机肥在粮食作物上如何与化肥配施?

生物有机肥在粮食作物上一般采用拌种或基肥混施两种方法与化肥配合施用。拌种是将生物有机肥 4kg 与亩用种子混拌均匀，而化肥采取深耕时作基肥施入。基肥混施是将 25kg 生物有机肥与亩用化肥混合均匀后，在播种深耕时一次施入土壤，施肥深度在土表 15cm 左右。

71. 生物有机肥与哪些化肥不宜混合?

生物有机肥并不是与所有化肥都能任意混合，有些化肥与生物有机肥混合后肥效反而降低。硝酸铵等含硝态氮的化肥在生物有机肥发酵过程中，由于反硝化作用，易引起氮素损失。生物有机肥成品经过发酵，其中的氮都已转化成铵态氮，不能与碳酸氢铵等碱性肥料和硝酸钠等生理碱性肥料混合，否则会使氨挥发损失，影响生物有机肥和化肥的使用效果，导致作物因养分供应不足而减产。

72. 生物有机肥有效施肥深度是多少?

生物有机肥的有效施肥深度一般在根系密集区，即土表层下15cm 左右，并要根据土壤性质、作物种类、气候条件和施肥方法而调整和改变。从土壤性质来看，黏土地应施肥翻耕的浅一些。在砂土上，因通气、透水性好，生物有机肥相对可以施入较深些。从作物种类看，果树等植株根系较深的，施肥则要深，而对小白菜等根系较浅的蔬菜作物，施肥浅有利于作物吸收。从气候条件看，降雨少的地区或旱季，施肥后翻耕可深些。温暖而湿润的地区或雨季，翻耕则应浅些。从施肥方法看，种肥、基肥和追肥的施肥深度不同，种肥要与作物种子在土壤中的深度相适应，才能达到施用种肥的目的。

73. 施用生物有机肥与土壤保肥性有什么关系？

土壤的保肥性是指土壤对养分的吸收和保蓄能力。土壤供肥性是指土壤释放和供给作物养分的能力。土壤有机质是土壤供肥和保肥性的重要物质基础，又是形成土壤团粒结构、防止土壤板结的必要成分和影响土壤胶体的主要因子。微生物是土壤中活的生命体，是转化土壤肥力不可缺少的活性物质。土壤微生物直接参与土壤物质和能量的转化、腐殖质的形成和分解、养分释放、氮素固定等肥力形成过程。特别是微生物在生长繁殖过程中产生大量的胞外多糖，对土壤团粒结构起到胶黏作用，保持土壤团粒结构的稳定性。

生物有机肥中不仅含有丰富的有机质，还含有多种有益微生物，增施生物有机肥，既能增加土壤有机质的积累，又能增加土壤有益微生物的总量，提高土壤保肥和供肥能力。

74. 增施生物有机肥能改良盐碱地吗？

盐碱地的共性是有机质含量低，土壤理化性状差，对作物生长有害的阴、阳离子多，土壤肥力低，作物不易促苗。施用生物有机肥能提高土壤肥力，改善土壤结构，减少毛细管水运动的速度和水分的无效蒸发，有明显的抑制返盐效果。施用生物有机肥后还能增加土壤有效钙的含量，同时微生物分解有机质产生的有机酸也能使土壤吸附的钙活化，加强了对土壤吸附性钠的置换作用，导致脱盐脱碱。在生物有机肥的作用下，盐碱地的有害离子含量和 pH 值明显降低，土壤缓冲性能增加，提高了作物的耐盐碱性。

盐碱地不易发苗，施肥总的原则是增施生物有机肥，适当控制化肥施用。基肥要多施有机质含量高的生物有机肥，减少化肥施用量，而化肥尽量不靠近种子，以免增加土壤溶液浓度，影响发芽。追肥根据情况，及时施入，避免过量。在有条件的地方，可以大量采用秸秆还田、种植耐盐碱的绿肥等办法，减少盐碱对作物的危害。

75. 黏土地施用生物有机肥有什么好处？

黏土地一般含有机、无机胶体多，土壤保肥能力强，养分不易流失。但黏土供肥慢，施肥后见效也慢，这种土壤"发老苗不发小苗"，肥效缓而长，土壤紧实，通透性差，作物发根困难。这种土壤施用生物有机肥后，通过丰富的有机质和有益微生物的活动，改善土壤团粒结构，增加通透性，提高保肥保水能力。这类土壤性质发阴，如施用少量未经腐熟的马粪配合生物有机肥，效果会更好。

黏土保肥能力强，化肥应与生物有机肥配合施用。单独施用化肥，若一次多施尤其是多施氮肥，因养分不易流失，后期肥效充分发挥出来，容易引起作物贪青晚熟，导致病虫害发生和减产。

76. 砂土地能用生物有机肥吗？

砂土地一般有机质、养分含量少，肥力较低，保肥能力差。但砂土供肥好，施肥后见效快，这种土壤"发小苗不发老苗"，肥效猛而短，没有后劲。

砂土地要大量增施有机肥，提高土壤有机质含量，改善保肥能力。由于砂土通气状况好，土性暖，有机质容易分解，施用未完全腐熟的有机肥料或牛粪等冷性肥料受影响比黏土地要小。有条件的地区可种植耐瘠薄的绿肥，以改良土壤理化性状。

砂土地施用化肥，一次量不能过多，否则容易引起"烧苗"或造成养分大量流失。所以砂土地施用化肥，必须与生物有机肥或其他有机肥配合施用，而且要分次少量施用，即"少吃多餐"，以提高肥效，减少养分损失。

77. 生物有机肥中的有益微生物是怎样起作用的？

生物有机肥内含的多种功能性微生物进入土壤后，在生长繁殖过程中产生大量的次生代谢产物，这些产物能够促进土壤团粒结构的形成。团粒结构的形成使土壤变得疏松、绵软，保水保肥性能增强，水、气、热更加协调，减少土壤板结，有利于保水、保肥、通气和促进根系发展，为农作物提供舒适的生长环境。土壤理化性状的改善，加强了土壤有益微生物的活动，从而最大限度地促使有机物分解转化，产生多种营养物质和刺激性物质，反过来又刺激微生物的生长发育，促进作物生长，最终达到增产增收的目的。另外，功能性微生物在作物根系周围形成优势种群，抑制或拮抗有害病原菌的生长繁殖，减轻了作物发生病害的程度，进而起到增加产量的目的。

78. 1吨有机肥含有多少氮、磷、钾？

1t 鸡鸭鹅粪含有硝铵 88kg、过磷酸钙 139kg、硝酸钾 3kg；1t 猪圈粪含有硝铵 24kg、过磷酸钙 29kg、硫酸钾 2kg；1t 土粪含有硝铵 9kg、过磷酸钙 22kg、硫酸钾 2kg；1t 炕土粪含有硝铵 69kg、过磷酸钙 23kg；1t 灰粪含有过磷酸钙 42kg、硫酸钾 9kg。

79. 果树如何喷施沼液，应注意哪些事项？

果实套袋后，取沼液 50kg，过滤（放置 2~3 天），直接喷施，连喷 2~3 次，间隔 10 天喷一次，注意事项：

（1）必须采用正常产气 3 个月以上的沼气池出料间里的沼液。

（2）必须选择在无风的晴天或阴天进行，最好早晨或下午 16：00 喷施叶背面效果最佳。

（3）在沼液中加入 1 000 倍液的灭扫利，灭虫卵效果更好，且药效持续时间达 20 天以上。

第四章　真假肥料的鉴别

1. 如何根据外包装识别肥料的真假?

农民朋友在购买化肥时,可以从外包装来识别肥料的规范性。肥料的包装应注意以下几方面的内容:

(1) 应当使用表明该产品真实属性的专用名称。不能使用会引起消费者误解和混淆的常用名称,不允许添加不实、夸大性的词语。可标注经注册登记的商标。

(2) 应标明产品"三证"号,即产品标准号、生产许可证号(适用于实施生产许可证管理的肥料如复混肥料等)和肥料登记证号。

(3) 对单一肥料的养分含量,应标明单一养分的百分含量,若加入了中微量元素,应分别标明各单养分的含量及各相应的总含量,不能将中微量元素含量与主含量相加。对于复混肥料(复合肥料)应标明氮磷钾总养分含量,总养分标明值不低于配合式中单养分标明值之和,同时以配合式分别标明总氮、五氧化二磷、氧化钾的百分含量。产品如含硝态氮或以枸溶性磷肥为基础磷肥的产品应标明"含硝态氮"或"枸溶性磷",如产品中氯离子含量大于3%,应标明"含氯"。

(4) 标明生产者名称和地址。

(5) 标明肥料规格、等级和净含量。

2. 如何识别肥料登记证的有效性?

依据《中华人民共和国农业法》《肥料登记管理办法》(农业部令第 32 号) 的有关规定, 我国肥料登记按肥料种类不同分为部级登记和省级登记两种。大量、中量、多种微量元素叶面肥、微生物肥料等由农业部负责审批、登记证发放和公告工作。如农肥 (2019) 准字 13999 号, 为农业部 2019 年办理的肥料登记证, 登记号为 13999 号的肥料产品, 有效期限为 5 年。如微生物肥 (2019) 准字 4694 号, 为农业部 2019 年办理的肥料临时登记证, 登记号为 4694 号的肥料产品, 有效期限为 5 年。

本省行政区域内生产复混 (合) 肥料、配方肥料 (不含叶面肥)、有机肥料 (即商品有机肥料)、床土调酸剂四类肥料产品, 由各省 (市、直辖区) 农业行政主管部门办理登记手续。如鲁农肥 (2018) 准字 4402 号, 为山东省农业厅 2018 年办理的肥料登记证, 登记号为 4402 号的肥料产品, 有效期限为 5 年。

3. 如何通过物理定性的方法鉴别氮肥?

氮肥主要包括尿素、氯化铵、硫酸铵、碳酸氢铵、硝酸铵等。可利用它们的外观及物理性质的差异进行定性鉴别。

(1) 外观和颜色。尿素为颗粒状固体, 其余大多为结晶小颗粒, 氯化铵有时还存在细小块状, 硝酸铵有时为颗粒状。纯净的氮肥均呈白色, 含有杂质时呈现微黄色。

(2) 气味。除碳酸氢铵有强烈的刺鼻氨味外其余的固体氮肥均无气味。

(3) 在水中的溶解情况。尿素、氯化铵、硫酸铵、碳酸氢铵、硝酸铵均能溶解于水。

(4) 灼烧反应。硝酸铵边融化边冒白烟 (不燃烧), 冒出白色烟雾，并放出刺激性氨味，融化完后铁板上无残烬。尿素边融化边冒白烟（不燃烧），并放出刺激性氨味，融化完后铁板上无残烬。氯化铵迅速融化并消失（不燃烧），并能闻到刺激性氨味和盐酸味，融化完后铁板上无残烬。硫酸铵逐渐融化（不燃烧），出现肥料颗粒蹦跳现象，放出白色烟雾和刺激性氨味，融化完后铁板上有残烬。

4. 如何通过物理定性的方法鉴别磷肥？

磷肥包括水溶性磷肥、枸溶性磷肥和难溶性磷肥三种。主要有重过磷酸钙、过磷酸钙、钙镁磷肥、磷矿粉等。

（1）水溶解情况。在白色器皿中放入适量水，加入磷肥少许，搅拌2~3分钟，然后放置5分钟，观察溶液情况。大部分溶解于水的是重过磷酸钙，一小部分溶于水的是过磷酸钙，不溶于水的是钙镁磷肥或磷矿粉。

（2）颜色。过磷酸钙一般呈灰白色，个别的呈深灰色，重过磷酸钙一般是灰色颗粒，钙镁磷肥呈暗绿色、灰褐色、灰黑色。磷矿粉呈灰褐色或灰黄色。

（3）形状。过磷酸钙一般为粉末状，部分为颗粒状，重过磷酸钙一般为颗粒状，粒形圆润，钙镁磷肥一般为粉末状，磷矿粉一般为粉末状。

（4）味道。用手捻一下样品如肥料散发出酸味，那么该磷肥就是过磷酸钙，其他磷肥没有酸的味道。

5. 如何通过物理定性的方法鉴别钾肥？

最常用的钾肥是氯化钾和硫酸钾。钾肥的定性方法有：

（1）外观和颜色。氯化钾和硫酸钾都为结晶体，氯化钾有红色的和白色的两种，硫酸钾一般为白颜色，也有灰黄色和浅棕色。

（2）吸湿性。氯化钾具有吸湿性，在潮湿的天气下取少量氯化钾肥料暴露在空气中过夜，容易吸湿而化成水，硫酸钾不吸湿。

（3）火焰颜色。钾肥有酒精灯上灼烧，有特有的紫色火焰。

6. 如何鉴别真假复合肥?

（1）外包装识别法。主要看生产许可证、肥料登记证、产品合格证是否齐全有效。

（2）简易目测法。专用复合肥都经过一套复杂程序挤压造粒或圆盘造粒，颜色表现为灰白色或淡灰色，很少有杂色，且造粒均匀，或圆形或圆柱形。而假劣专用复合肥多半未经深加工，为粗制滥造或一般混合而成，颜色不纯，且造粒不均匀，有的甚至未造粒，成面粉状。

（3）手捏感觉法。真正的复合肥一般都经高温熔融冷却造粒、再经烘干而成，稳固性较好，硬度大，且硬度表现一致，手捏不容易碎，也不软。而假劣复合肥硬度差，硬度不一致，手捏易成块，或软如泥状。

（4）嗅味法。捏一小撮复合肥嗅一嗅，如发现有氨味，则为低含量复合肥，或者里面混有碳铵。若发现有其他异味，则可能是假劣专用复合肥。而真正的专用复合肥总养分含量在 25% 以上，一般具有成分稳定、不会分解或不会熔化等优点，因而一般不会出现异味，也不会出现氨味。

（5）目前市场上复合肥较混乱，不法厂家一般采取以下手法。①降低养分或浓度。多降氮、磷、钾、钙、镁等微量元素含量的百分点，成本降低了而价格居高不下，即可赚钱。②胡乱标识。国家明确规定，生产厂家必须标明各单质元素含量及总含量。可是一些厂家为了坑农民，只标明总养分含量，而不标明单质元素含量。有的甚至连总养分含量也不标。③复混充复合。有些厂家钻农民对复合肥了解很少的空子，将复混肥等同复合肥，并以低于复合肥的价格推向市场，实际上，复混肥一般只是将几种肥料用物理方式简单混配，设备要求简单，比较容易造假。高浓度复合肥一般用混合造粒、烘干、喷浆工艺生产，技术先进，养分均衡，施用方便，效果显著。④假合资。打着合资企业的旗号，本来生产原料、设备都是国产的，却标明是进口的，对消费者进行误导。

7. 复合肥料的相关质量标准有哪些？怎样快速识别？

（1）复合肥料的质量标准。硝酸磷肥、磷酸一铵、磷酸二铵不同的生产工艺其氮、磷的含量有一定差别，因此，不同的工艺生产所执行的质量标准也不同。一般来说硝酸磷肥氮磷总含量要求 36%~40%（氮为 25%~27%，磷为 11%~13.5%），磷酸一铵氮磷总含量要求 52%~64%（氮为 9%~11%，磷为 42%~52%），磷酸二铵氮磷总含量要求 51%~64%（氮为 13%~18%，磷为 38%~46%）。农业磷酸二氢钾质量标准一等品含量应大于等于 96.0%，氧化钾含量大于等于 33.2%，水分小于等于 4.0%；合格品含量应大于等于 92.0%，氧化钾含量大于等于 31.8%，水分小于等于 5.0%，pH 值均在 4.3~4.7。

（2）简易识别：①外观颜色。磷肥为浅灰色或乳白色颗粒，稍有吸湿性；磷酸铵为白色或浅灰色颗粒，吸湿性小，不易结块；磷酸二氢钾为白色或浅黄色结晶，吸湿性小。②溶解性。硝酸磷肥部分溶于水，磷酸一铵绝大部分溶于水，磷酸二铵完全溶于水，磷酸二氢钾溶于水。③磷酸二氢钾在铁片上加热，熔解为透明液体，冷却后凝固成半透明的玻璃状物质。

8. 如何选购叶面追肥？

叶面肥包括的品种很多，归纳起来有两大类：一是肥料为主，含几种或十几种不同的营养元素，这些营养元素包括氮、磷、钾、微量元素、氨基酸、腐殖酸等；二是纯植物生长调节剂或在以上肥料中加入植物生长调节剂。

选购和使用叶面肥应注意以下几个方面：

（1）叶面肥只是根部施肥的一种辅助方式，它代替不了根部施肥。特别是 N、P、K 等大量元素肥料，主要是通过根部施肥，也就是土壤施肥提供的。因此，使用叶面肥时不能忽视土壤施肥，只有在做好土壤施肥的基础上，才能充分发挥叶面肥的效果。目前，许多叶面肥中加入了植物生长调节剂，具有促进作物细胞分裂等作用，这就更需要加强水肥管理，以保证作物的需要，才能使叶面肥的作用得以充分的发挥。

（2）选购叶面肥时要因土、因作物选购。叶面肥中的不同成分有着不同的功效，虽然说明书上都写着具有增产的作用，但其成分不同，使用后的效果不同，达到增产目的的方式也不同。如含有氨基酸的肥料具有改善作物品质的突出特点；含有黄腐酸的肥料则具有抗旱的效果；在石灰性土壤或碱性土壤上，铁多呈不溶性的三价铁，植物难以吸收，常患缺绿症；在红黄壤土上栽培果树，常发生某些微量元素不足，如缺锌，采取根外追肥可直接供给养分，避免养分被土壤吸附或转化，提高肥料效果。如果在不缺少微量元素的作物上喷施只含有微量元素的叶面肥或施的微量元素不对口，就起不到原有的作用，且造成浪费。因此，在选购叶面肥时应注意其成分，根据需要购买。

（3）购买叶面肥时首先要看有没有农业部颁发的登记证号，凡是获得了农业部登记的产品，都经过了严格的田间试验和产品检验，质量有所保障。

9. 购买和使用肥料时，发现有问题该怎么办？

（1）首选保留好发票或者收据，这是依法处理的关键一步。

很多农民遇到纠纷后因找不到发票或者收据而不了了之。

（2）购买肥料时发现包装袋上无有效产品标准和肥料登记证的产品（免登产品：硫酸铵、尿素、硝酸铵、氰铵化钙、磷酸一铵、磷酸二铵、硝酸磷肥、过磷酸钙、氯化钾、硝酸钾、氯化铵、碳酸氢铵、钙镁磷肥、磷酸二氢钾、单一微量元素肥、高浓度复合肥）请不要购买。

（3）发现造成农作物损失时，及时向农业执法大队反映，组织有关农业专家进行实地察看，尽早采取补救措施，以减少损失。

（4）将有疑问的肥料和包装袋保管好，以便将肥料送有资质的质检部门化验，判定其产品质量。

（5）向当地农业、技术监督、工商等行政执法部门提请，要求对造成的经济损失由经营和生产厂家进行补偿。

第五章　科学施肥理论依据

1. 什么是合理施肥?

合理施肥就是要求施肥能达到以下目的:

(1) 施肥能使植物达到高产和优质。

(2) 以最少的投入获得最好的经济效益。

(3) 改善土壤条件,为高产稳产创造良好的基础,要求用地与养地相结合。

2. 合理施肥的主要依据是什么?

主要依据为:

(1) 施肥首先要考虑作物的营养特性。不同作物的营养特性是不同的,同一种作物在不同的生育时期对营养的要求也是不同的。就是说不同作物或作物在不同的生育时期对营养元素的种类、数量及其他比例都有不同的要求。例如:玉米 100kg 产量需从土壤中吸取 2.57kg 氮 (N),0.86kg 磷 (P_2O_5),2.14kg 钾 (K_2O),而马铃薯产 100kg 块薯,只需 0.55kg 氮 (N)、0.2kg 磷 (P_2O_5)、1.06kg 钾 (K_2O)。

(2) 施肥主要是通过土壤供给作物营养的,那么土壤性质必然影响施肥的效果,所以施肥也必须根据土壤性质来进行。其中着重考虑土壤中各养分的含量,保肥供肥能力和是否存在障碍因子等。

（3）考虑气候与施肥的关系。干旱地区或干旱季节雨水多的地区和季节低温和高温季节应如何施肥。总之气候影响施肥效果，施肥又影响作物对气候条件的适应。此外施肥还必须考虑与其他农业技术措施的配合。

3. 合理施肥的原则是什么?

（1）以最适合的肥料投入获取最好的产量和经济效益。

（2）施肥要考虑农业生态环境。大量施用化肥，引起硝酸盐污染水体，磷肥可能产生氟、镉对人、畜的危害，施微量元素肥料不当，造成土壤过多而污染危害作物，一些地区土壤缺乏某些元素，如硒、钴、锌、镁等。人畜长期食用这些土壤的农产品，造成一些缺素引起的病害。

（3）实行有机肥与化肥配合。种地与养地相结合。有机肥养分全，肥效长，能改良土壤，但养分浓度低，肥效慢，而化肥养分浓度高，肥效快而猛，肥效短，改良土壤的作用小，甚至有破坏土壤理化性质的可能。据试验：以50%有机肥配合50%化肥（以 N 计算）施用的小麦产量最高。其次是30%有机肥配合。70%化肥。再其次是70%有机肥配合30%化肥。

4. 常见不合理施肥有哪些?

不合理施肥通常是由于施肥数量、施肥时期、施肥方式不合理造成的。常见的现象有：

（1）施肥浅或表施。肥料易挥发、流失或难以到达作物根部，不利于作物吸收，造成肥料利用率低。肥料应施于种子或植株侧下方 16~26cm 处。

（2）双氯肥。用氯化铵和氯化钾生产的复合肥称为双氯肥，含氯约30%，易烧苗，要及时浇水。对氯敏感的作物不能施用含氯肥料。对叶（茎）菜过多施用氯化钾等，不但造成蔬菜不鲜嫩、纤维多，而且使蔬菜味道变苦，口感差，效益低。尿基复合肥含氮高，缩二脲含量也高，易烧苗，要注意浇水和施肥深度。

（3）农作物施用化肥不当，可能造成肥害，发生烧苗、植株萎蔫等现象。例如，一次性施用化肥过多或施肥后土壤水分不足，会造成土壤溶液浓度过高，作物根系吸水困难，导致植株萎蔫，甚至枯死。施氮肥过量，土壤中有大量的氨或铵离子，一方面氨挥发，遇空气中的雾滴形成碱性小水珠，灼伤作物，在叶片上产生焦枯斑点；另一方面，铵离子在旱土上易硝化，在亚硝化细菌作用下转化为亚硝铵，气化产生二氧化氮气体，在作物叶片上出现不规则水渍状斑块，叶脉间渐渐变白。此外，土壤中铵态氮过多时，植物会吸收过多的氨。引起氨中毒。

（4）过多地使用某种营养元素，不仅会对作物产生毒害，还会妨碍作物对其他营养元素的吸收，引起缺素症。例如，施氮过量会引起缺钙；硝态氮过多会引起缺钼；磷钾过多会降低钙、镁、硼的有效性。

（5）鲜人粪尿不宜直接施用于蔬菜。新鲜人粪尿中含有大量病菌、毒素和寄生卵，如果未经腐熟而直接施用，会污染蔬菜，易传染疾病，需经高温堆沤发酵或无害化处理后才能施用。未腐熟的畜禽粪便在腐烂过程中会产生大量的硫化氢等有害气体，易使蔬菜种子缺氧窒息，并产生大量热量，易使蔬菜种子烧种或发生根腐病，不利于蔬菜种子萌芽生长。

为防止肥害的发生，生产上应注意合理施肥。一是增施有机肥，提高土壤缓冲能力；二是按规定施用化肥。根据土壤养分水平和作物对营养元素的需求情况，合理施肥，不随意加大施肥量，施追肥掌握轻施的原则；三是全层施肥。同等数量的化肥，在局部施用时往往造成局部土壤溶液浓度急剧升高，伤害作物根系，改为全层施肥，让肥料均匀分布于整个耕层，能使作物避免伤害。

5. 什么是肥料后效?

肥料后效是指施用肥料的有效养分当季末能完全利用，在下一季或下一年还表现一定的肥效。肥料的肥效与肥料的性质、种类关系最为密切。施用难分解的有机肥料和难溶性磷肥的后效最长，如果施用量较大，施用后第三、第四季甚至第二、第三年还表现出肥效。而速效性氮肥易被作物吸收利用，特别是在沙质土或灌水过多时往往容易流失，一般不表现后效，或后效不明显。速效性磷肥施入土壤后容易被固定，当季不可能被全部利用，也有后效表现。

6. 什么是肥料的利用率?

肥料的利用率是指所施肥料的有效成分为作物吸收利用的比率，即收获物中吸收有效成分的数量与施用的肥料中有效成分的数量百分比。

肥料利用率的高低与气候、土壤条件、作物种类、生长期长短以及肥料的性质、施用量大小等有着密切关系。而根据化肥试验数据推算，氮肥施用后能直接被作物利用的氮素仅为30%~50%，磷肥为10%~30%（粉状磷肥10%~15%，颗粒磷肥为30%~40%），钾肥不超过60%。采用氮肥深施和增施氮肥增效剂能显著提高氮肥利用率。

7. 什么是生理酸性肥料、生理碱性肥料和生理中性肥料?

某些化学肥料施到土壤后，分解成阳离子和阴离子，由于作物吸收其中的阳离子多于阴离子，使残留在土壤中的酸根离子较多，从而使土壤（或土壤溶液）的酸度提高，这种通过作物吸收养分后使土壤酸度提高的肥料叫作生理酸性肥料。例如硫酸铵，作物吸收其中的 NH_4^+ 多于 SO_4^{2-}，残留在土壤中的 SO_4^{2-} 与作物代换吸收释放出来的 H^+（或离解出来的 H^+）结合成硫酸，而使土壤酸性提高。硫酸铵、氯化铵等都是生理酸性肥料。

同样道理，某些肥料由于作物吸收其中阴离子多于阳离子，而在土壤中残留较多的阳离子，施入土壤后土壤碱性提高，这种通过作物吸收养分后使土壤碱性提高的肥料叫作生理碱性肥料。例如硝酸钠，作物吸收其中的硝酸根（NO_3^-）多于钠离子（Na^+），钠离子与作物交换出来的碳酸氢根（HCO_3^-）结合成碳酸氢钠，碳酸氢钠水解即呈碱性，也可以是作物吸收硝酸根后在体内还原成氨的过程中消耗一定的酸，作物为了保持细胞 pH 值的平衡，而把多余的氢氧根（OH^-）排出体外，从而使土壤碱性提高。所以硝酸钠属于生理碱性肥料。

所谓生理中性肥料是指肥料中的阴阳离子都是作物吸收的主要养分，而且两者都被吸收的数量基本相等，经作物吸收养分后不改变土壤酸碱度的那些肥料，如硝酸铵、碳酸氢铵。虽然碳酸氢铵中的铵离子（NH_4^+）被作物吸收多于碳酸氢根（HCO_3^-），土壤中残留较多的碳酸氢根，它与作物交换出来的 H^+ 结合成碳酸，按理讲碳酸氢铵是生理碱性肥料，但由于碳酸不稳定，它分解为水和二氧化碳，且碳酸的酸性很弱，所以碳酸氢铵一般也称作生理中性肥料。

肥料的生理反应对土壤性质及肥效有一定影响，因此，酸性土壤最好选择施用生理碱性肥料，石灰性土壤或碱性土壤最好选择施用生理酸性肥料。还可以利用生理酸性肥料的生理酸性溶解一些非水溶性的肥料以提高其肥效，如将钙镁磷肥或磷矿粉与生理酸性肥料混施，可提高磷肥的肥效。

8. 不同特性土壤施肥有什么变化?

土壤是作物生长的基本物质条件，而土壤肥力的高低，与施肥效果的好坏，关系极为密切。土地肥沃、有效养分含量高的土壤，土壤养分已基本能满足作物对养分的需求，施肥效果差；有效养分含量低的土壤，施肥效果好。保肥性和供肥性好的土壤，肥料施入后不易损失，利用率高，容易发挥肥效；保肥性和供肥性差的土壤，肥料施入后易损失，或吸附、固定成迟效状态，影响当季施肥效果。而土壤氧化还原性质不同，影响肥料在土壤中的转化，对肥料有效性产生影响。土壤酸碱性一方面影响作物在土壤上的生长发育，另一方面对肥料的有效性产生影响。因此，在施肥时，应根据土壤特点，适当调整施肥量，以获得最佳收益。

9. 如何根据土壤酸碱性合理施肥?

土壤酸碱性对土壤肥力和作物生长有非常明显的影响，过酸或过碱的土壤，养分有效性大大降低，难以形成良好的土壤结构，严重地抑制土壤微生物的活动，影响各种作物生长发育。

对过酸性土壤，应增施石灰，中和土壤酸性，消除铝毒害，提高土壤养分的有效性。酸性土壤要增施有机肥料，通过有机肥料的缓冲作用，减轻酸性对土壤和作物的影响。酸性土壤适宜施用氨水、碳酸氢铵和钙镁磷肥、硝酸钠等碱性肥料。

施用过磷酸钙、硫酸铵和氯化铵等酸性或生理酸性肥料，可以减轻碱性的危害，但盐碱地不宜施用氯化铵。施用铵态氮肥应深施覆土，防止氨的挥发损失。碱性土壤有机肥料与磷肥配合施用，可以减少磷的固定，提高肥料利用率。

10. 不同农事操作对肥料利用率有何影响?

科学合理的农事操作，能够改善土壤结构，加速土壤养分的转化，提高土壤保肥性能和供肥性能，减少作物施肥量，提高肥料利用率。

根据不同土壤特点，利用农事操作，使难溶性养分逐渐转化为缓效性养分，进而转化成能被作物吸收利用的速效养分。这种转化与土壤温度、水分状况、通气性和酸碱度有关。一般随着土壤温度的提高，肥料利用率提高，水分过多则容易造成养分流失，通气性能好作物对养分吸收能力增加，过酸过碱都不利于肥料的养分供给。只要能改变影响土壤养分转化的因素，就能达到提高肥料利用率的目的。因此，通过各种农业措施，改善土壤温度、水分、通气、酸碱度的状况，可以加速土壤难溶性养分向速效、易溶方面转化，对减少施肥量，提高作物产量是有利的。

11. 单纯施用化肥有什么危害？

化肥具有养分高，肥效快，体积小，运输和施用方便等优点。但是，化肥养分浓度高，养分单一，有些含有副成分，如果使用不当，会对土壤和作物产生不良影响。一是造成土壤各类养分比例失调。化肥施入土壤后，打破了土壤原有的养分平衡，长期过量施入而不补充有机物，土壤有机质消耗过度，养分比例失调反过来影响化肥的肥效。二是是农田生态环境遭到破坏。过度施入化肥，通过淋失、挥发和固定，大量的化学物质进入土壤、空气和水系，致使环境状况逐渐恶化，特别是水系化学物质的增加，富营养化严重影响人身安全。三是土壤理化性状恶化。长期施用化肥，土壤有机质下降，团粒结构性能降低，土壤板结现象加剧，保肥保水能力降低。四是土壤微生物区系遭到破坏。过量化肥，尤其是氮肥对微生物具有杀伤作用和抑制作用，长期施用，大量的微生物死亡，土壤微生物区系发生变化，许多有益微生物从优势种群变为次要种群，作物易发生各类病害。五是农产品品质下降。化肥的肥效较快，对作物前期生长作用明显，而作物养分积累不利，化肥部分物质被作物吸收积累到植物体中，影响产品品质。

12. 氮肥施多对人体有什么危害?

我国土壤的氮肥利用率很低，一般只有30%左右。据试验测算，在一亩土壤中，作物最多只能吸收不超过40kg的氮，其余多出来的氮则通过雨水渗入地下。中国农业科学院土壤肥料研究所提供的一项报告表明：我国部分地区氮肥用量偏高，特别是城市周围蔬菜种植区域氮肥用量过高，已引起了非常严重的地下水污染。

氮肥造成污染的主要成分是其中所含的硝酸盐。硝酸盐对人类最大的危害是它进入人体后会变成亚硝酸盐，进而在体内化合形成亚硝基化合物，该物质是一种强致癌物，特别容易引起消化系统的癌症。医学研究，当饮用水中的硝酸盐含量超过90mg/kg时，就会危及人类的健康。而在我国北方15个县市连续3年对地下水和饮用水进行测试，有近一半地下水和饮用水不符合人类健康饮用水标准，含量最高的达到300~500mg/kg。

13. 如何施用基肥效果更好?

施用基肥一般要从选用基肥种类、数量、作物品种和施肥方法四方面来考虑。

从肥料种类上看，有机肥料最适宜作基肥施用，氮肥中的碳酸氢铵、尿素，磷肥中的过磷酸钙、磷酸铵、钙镁磷肥，钾肥中的氯化钾、硫酸钾，微量元素肥中的锌肥、锰肥等，都适宜作基肥。

基肥施用数量要根据土壤肥力的高低来确定。当土壤中速效氮、磷、钾和微量元素低于作物生长需肥临界值时，就要首先选择化学肥料补充土壤肥力不足。有机质低于 1.2% 的土壤，必须亩施用 3 000kg 以上的有机肥料，才能满足作物生长需要。具体施肥量则要根据作物品种、目标产量、当地施肥水平和土壤肥力情况相应调整。

从深度方面讲，一般基肥应施到土壤 15～20cm 深的整个耕层内。施用方法有撒施和集中施用之分。撒施是将有机肥料和化学肥料混合后均匀地撒在地表，随即耕翻入土，做到肥料与全耕层土壤均匀混合，以利于作物不同根系层对养分的吸收利用。集中施用有沟施和穴施两种方法，主要用于有机肥料资源紧缺的地方，若基肥中混有化学肥料，应避免肥料与种苗直接接触，防止烧根、烧苗现象发生。

14. 怎样追肥效果更好?

作物在不同时期对养分的需求差异明显，在施用基肥的前提下，追肥的目的是及时满足作物不同阶段对养分的需求。一般追肥多为追施氮肥，追肥的时间通常选择在作物吸收某种养分最多的时期，如玉米的喇叭口至抽雄初期、小麦的拔节至抽穗期、棉花的盛花至始铃期、西瓜的坐瓜至膨大期、茄果类蔬菜的采摘期皆为追施氮肥的最佳时期。对于基肥磷钾施用不足的地块，一般要在苗期尽早追施。微量元素肥不宜通过土壤进行追施，而要在作物叶片或植株发育到中期时进行叶面喷施。

追肥时，由于氮肥易于挥发，应施到 6～9cm 深的土层中，即作物根系的密集层，以便于被作物吸收利用和被土壤吸附，提高肥效。追施的主要方式有沟施和穴施，施肥位置要距离植株 5cm 左右，以免烧苗。追施磷钾肥，其施肥深度应在地表 5cm 以下。磷钾肥若与氮肥同时追施，则要以氮肥的施用深度为准。微量元素肥叶面喷施，要注意稀释的浓度，避免发生微量元素中毒，影响作物生长。

第六章　测土配方施肥技术

测土配方施肥

1. 什么是测土配方施肥？

　　测土配方施肥是以土壤测试和肥料田间试验为基础，根据作物需肥规律、土壤供肥性能和肥料效应，在合理施用有机肥的基础上，提出氮、磷、钾及中、微量元素等的施用数量、施肥时期和施用方法。

　　通俗地讲，就是在农业科技人员的指导下科学施用配方肥。测土配方肥技术的核心是调节和解决作物需肥与土壤供肥之间的矛盾。同时有针对性地补充作物所需的营养元素，作物缺什么元素就补充什么元素，需要多少就补多少，实现各种养分平衡供应，满足作物的需要；达到提高肥料利用率，减少用量，提高作物产量，改善农产品品质，节省劳力，节支增收的目的。

2. 测土配方施肥技术的原理是什么？

　　测土配方施肥是以养分归还（补偿）学说、最小养分律、同等重要律、不可代替律、肥料效应报酬递减律和因子综合作用律等为理论依据，以确定不同养分的施肥总量和配比为主要内容。为了充分发挥肥料的最大增产效益，必须与选用良种、肥水

79

管理、种植密度、耕作制度和气候变化等影响肥效的因素相结合，形成一套完整的施肥技术体系。

（1）养分归还（补偿）学说：作物产量的形成有 40%~80% 的养分来自土壤，但不能把土壤看作一个取之不尽、用之不竭的"养分库"。为保证土壤有足够的养分供应容量和强度，保持土壤养分的携出与输入间的平衡，必须通过施肥这一措施来实现。依靠施肥可以把作物吸收的养分"归还"土壤，确保土壤肥力。

（2）最小养分律：作物生长发育需要吸收各种养分，但严重影响作物生长，限制作物产量的是土壤中相对含量最小的养分因素，也就是最缺的那种养分（最小养分）。如果忽视这个最小养分因素，即使继续增加其他养分，作物产量也难以再提高。只有增加最小养分的量，产量才能相应提高。经济合理的施肥方案，就是将作物所缺的各种养分同时按作物所需比例相应提高，作物才会高产。

（3）同等重要律：对作物来讲，不论大量元素或微量元素，都是同样重要缺一不可的，即使缺少某一种微量元素，尽管它的需要量很少，仍会影响某种生理功能而导致减产。如玉米缺锌导致植株矮小而出现花白苗，水稻苗期缺锌造成僵苗，棉花缺硼使得蕾而不花。微量元素与大量元素同等重要，不能因为需要量少而忽略。

（4）不可替代律：作物需要的各营养元素，在作物体内都有一定功效，相互之间不能替代。如缺磷则不能用氮代替，缺钾不能用氮、磷配合代替。缺少什么营养元素，就必须施用含有该元素的肥料进行补充。

（5）报酬递减律：从一定土地上所得的报酬，随着向该土地投入的劳动和资本量的增大而有所增加，但达到一定水平后，随着投入的单位劳动和资本量的增加，报酬的增加却在减少。当施肥量超过适量时，作物产量与施肥之间的关系就不再是曲线模式，而呈抛物线模式了，单位施肥量的增产会呈递减趋势。

（6）因子统合作用律：作物产量高低是由影响作物生长发育诸因子综合作用的结果，但其中必有一个起主导作用的限制因子，产量在一定程度上受该因子的制约。为了充分发挥肥料的增产作用和提高肥料的经济效益，一方面，施肥措施必须与其他农业技术措施密切配合，发挥生产体系的综合功能；另一方面，各种养分之间的配合施用，也是提高肥效不可忽视的问题。

3. 测土配方施肥应遵循哪些原则？

一是有机肥与无机肥相结合。实施配方施肥必须以有机肥料为基础，土壤有机质是土壤肥沃程度的重要指标。增施有机肥料可以增加土壤有机质含量，改善土壤理化性状，提高土壤保水保肥能力，增强土壤微生物的活性，促进化肥利用率的提高。因此，必须坚持多种形式的有机肥料的投入，才能够培肥地力，实现农业可持续发展。

二是大量、中量、微量元素的配合。各种营养元素的配合是配方施肥的重要内容，随着产量的不断提高，在耕地高度集约利用的情况下，必须进一步强调氮、磷、钾肥的相互配合，并补充必要的中、微量元素，才能高产稳产。

三是用地与养地相结合，投入与产出相平衡。要使作物、土壤、肥料形成物质和能量循环，必须坚持用地养地相结合，投入产出相平衡。破坏或消耗了土壤肥力，就意味着降低了农业再生产的能力。

4. 测土配方施肥的基本方法有哪些？

基于田块的肥料配方设计，首先要确定氮、磷、钾养分用量，然后确定相应的肥料组合，通过提供配方肥料或发放配肥通知单，推荐指导农民使用。肥料用量的确定方法，主要包括土壤与植株测试推荐施肥方法、肥料效应函数法、土壤养分丰缺指标法和养分平衡法。

（1）土壤、植株测试推荐施肥方法：该技术综合了目标产量法、养分丰缺指标法和作物营养诊断法的优点。对于大田作物，在综合考虑有机肥、作物秸秆应用和管理措施的基础上，根据氮、磷、钾和中、微量元素养分的不同特征，采用不同的养分优化调控与管理策略。其中，氮素推荐根据土壤供氮状况和作物需氮量，进行实时动态监测和精确调控，包括基肥和追肥的调控；磷钾肥通过土壤测试和养分平衡进行监控；中微量元素采用因缺补缺的矫正施肥策略。该技术包括氮素实时监控、磷钾养分恒量监控和中微量元素养分矫正施肥技术。

（2）肥料效应函数法：根据"3414"方案田间试验结果建立当地主要作物的肥料效应函数，直接获得某一区域、某种作物的氮、磷、钾肥料的最佳施用量，为肥料配方和施肥推荐提供依据。

（3）土壤养分丰缺指标法：通过土壤养分测试结果和田间肥效试验结果，建立不同作物、不同区域的土壤养分丰缺指标，提供肥料配方。土壤养分丰缺指标田间试验也可采用"3414"部分实施方案，收获后计算产量，用缺素区产量占全肥区产量的百分数，即相对产量的高低来表达土壤养分丰缺情况。相对产量低于50%的土壤养分为极低；50%~75%的为低；75%~95%的为中；大于95%的为高，从而确定出适用于某一区域、某种作物的土壤养分丰缺指标及对应的施用肥料数量。对该区域其他田块，通过土壤养分测定，就可以了解土壤养分的丰缺状况，提出相应的推荐施肥量。

（4）养分平衡法：根据作物目标产量需肥量与土壤供肥量之差估算目标产量的施肥量，通过施肥补充土壤供应不足的那部分养分。施肥量的计算公式为：施肥量（kg/亩）=（目标产量所需养分总量−土壤供肥量）/肥料中养分含量×肥料当季利用率。

养分平衡法涉及目标产量、作物需肥量、土壤供肥量、肥料利用率和肥料中有效养分含量五大参数。土壤供肥量即为"3414"方案中处理1的作物养分吸收量。目标产量确定后因土壤供肥量的确定方法不同，形成了地力差减法和土壤有效养分校正系数法两种。

地力差减法根据作物目标产量与基础产量之差来计算施肥量的一种方法。其计算公式为：施肥量（kg/亩）=（目标产量−基础产量）×单位经济产量养分吸收量/肥料中养分含量×肥料利用率。基础产量即为"3414"方案中处理1的产量。

土壤有效养分校正系数法是通过测定土壤有效养分含量来计算施肥量。其计算公式为：施肥量（kg/亩）=（作物单位产量养分吸收量×目标产量−土壤测试值×0.15×有效养分校正系数）/肥料中养分含量×肥料利用率。

土壤养分测定值以 mg/kg 表示，0.15 是土壤耕层养分测定值换算成 $667m^2$ 土壤养分含量的系数。即一般把 0~20cm 厚的土层看成植物营养层，该层每亩土重量为 15 万 kg。土壤测定值换算成每亩土地耕层土壤养分含量的计算方法是：土壤测定值×0.15。

150 000（kg 土）×1/1 000 000=0.15

校正系数=空白区产量×作物单位产量吸收养分量，表示土壤测定值和作物产量的相关性。

例如，某农户花生田每亩的目标产量为 300kg，测定土壤速效氮含量为 60mg/kg，速效磷含量为 30mg/kg，速效钾含量为 90mg/kg，求需肥量。

答：花生吸收养分（氮）量=0.068（每 kg 花生需氮量）×

300＝20.4（kg）

土壤供肥量＝60×0.15×0.55（校正系数）＝4.95（kg）

代入公式并折成尿素为：（20.4－4.95）／（0.46×0.50）＝67.2kg

由于花生的氮素来源 60%来自自身的根瘤固氮，故实际施氮量按计算所得的 40%即可，即每亩施尿素 26.87kg 即可。

同理可求出所需磷、钾肥量。该法的优点和概念清楚，容易掌握；缺点是土壤测定值是一个相对量，因为土壤养分处于动态平衡中，还要通过试验取得校正系数来调整，而校正系数变异性大，很难准确。

5. 测土配方施肥的主要内容是什么？

测土配方施肥的主要内容为 6 个字，即测土、配方、施肥三个重要环节。具体来说：

一是测土。测土是测土配方施肥的基础，也是制定肥料配方的重要依据。包括取土和化验分析两个过程，具体开展时要根据测土配方施肥的技术要求，作物种植情况，选择重点区域、代表性田块进行取样分析。

二是配方。配方是测土配方施肥技术的重点。一是根据土壤肥力状况，开展田间肥效试验，制定作物测土配方施肥技术规程。二是依据配方，以各种单质或复混肥料为原料，配制配方肥。三是建立数据库，提供针对性强的肥料配方和使用技术。

三是施肥。施肥是测土配方施肥的关键。一是使用配方肥料，直接向农民供应配方肥，使农民用上优质、高效、方便的"傻瓜肥"。二是针对示范区农户地块和作物种植状况，制定测土配方施肥建议卡，农民根据配方建议卡自行购买各种肥料，配合施用。

6. 测土配方施肥与习惯施肥有什么不同?

测土配方施肥是以土壤测试和肥料田间试验为基础的, 技术的核心是调节和解决作物需肥与土壤供肥之间的矛盾。最基本的特征是因土、因作物施肥; 因缺补缺, 作物缺什么元素就补充什么元素, 需要多少补多少, 实现各种养分平衡供应; 做到产前定肥, 产中微调, 技物结合。

7. 测土配方施肥技术有何意义?

一是提高了粮食产量, 节本增效。通过测土配方施肥, 农作物增产幅度一般在 8% ~ 15%, 有的达 20% 以上, 同时减少了化肥的用量, 降低了生产成本, 增加了农民效益; 二是提高耕地地力水平, 促进了农业可持续发展。通过测土配方施肥, 减少了肥料的过量施用, 解决了土壤板结的问题, 改善了土壤的理化性状, 增强了土壤的保水保肥能力, 是提高耕地持续产出能力的重要措施。三是改善农产品质量。测土配方施肥能合理调整施肥结构, 对于减少作物病害发生、促进农产品质量改善具有积极作用。四是保护生态环境。测土配方施肥有效解决了过量施肥和施肥比例不合理问题, 提高了肥料利用率, 减少了养分流失, 带动了有机肥增施, 减少了化学物质和有机废弃物对环境的污染, 具有良好的生态效益。

8. 测土配方施肥为什么要取样测土?

土壤肥力是决定产量的基础, 据估算, 作物生长发育所需要的养分 40% ~ 80% 来自土壤。土壤受气候、成土母质、地形、种植制度等因素的影响, 土壤类型十分复杂, 不同区域、不同土壤之间养分差异比较大, 肥料的增产效果及肥料品种搭配也就不同。因此必须通过取样分析化验土壤中各种养分含量, 才能判断各种土壤类型、不同生产区域土壤中不同养分的供应能力，为测土配方施肥提供基础数据。

9. 测土配方施肥中土壤采样有哪些技术要求？

土壤样品采集应具有代表性，并根据不同分析项目采用相应的土样和处理方法。

（1）采样单元。采样前要详细了解采样地区的土壤类型、肥力等级和地形等因素，将测土配方施肥区域划分为若干个采样单元，每个采样单元的土壤要尽可能均匀一致。平均每个采样单元为 100 亩（平原、海涂区、水稻田每 100~500 亩采一个混合样，山区、半山区、蔬菜、茶叶等经济作物每 30~80 亩采一个混合样）。为便于田间示范追踪和施肥分区需要，采样集中在位于每个采样单元相对中心位置的典型地块，面积为 1~10 亩。

（2）采样时间。在作物收获后或播种施肥前采集，一般在秋后；进行氮肥追肥推荐时，应在追肥前或作物生长的关键时期。

（3）采样周期。同一采样单元，无机氮每季或每年采集 1 次，或进行植株氮营养快速诊断；土壤有效磷、速效钾 2~3 年，中、微量元素 3~5 年，采集 1 次。

（4）采样点定位。采样点参考土壤图，采用 GPS 定位，记录经纬度，精确到 $0.1''$。

（5）采样深度。采样深度一般为 0~20cm。土壤硝态氮或无机氮含量测定，采样深度应根据不同作物、不同生育期的主要根系分布深度来确定。

（6）采样点数量。要保证足够的采样点，使之能代表采样单元的土壤特性。每个样品采样点的多少，取决于采样单元的大小、土壤肥力的一致性等，一般 7~20 个点为宜。

（7）采样路线。采样时应沿着一定的线路，按照"随机"

"等量"和"多点混合"的原则进行采样。一般采用 S 形布点采样，能够较好地克服耕作、施肥等所造成的误差。在地形变化小、地力较均匀、采样单元面积较小的情况下，也可采用梅花形布点取样，要避开路边、田埂、沟边、肥堆等特殊部位。

（8）采样方法。每个采样点的取土深度及采样量应均匀一致，土样上层与下层的比例要相同。取样器应垂直于地面入土，深度相同。用取土铲取样应先铲出一个耕层断面，再平行于断面下铲取土；测定微量元素的样品必须用不锈钢取土器采样。

（9）样品量。一个混合土样以取土 1kg 左右为宜（用于推荐施肥的 0.5kg，用于试验的 2kg），如果一个混合样品的数量太大，可用四分法将多余的土壤弃去。方法是将采集的土壤样品放在盘子里或塑料布上，弄碎、混匀，铺成四方形，按对角线将土样分成 4 份，把对角的两份分别合并成一份，保留一份，弃去一份。如果所得的样品依然很多，可再用四分法处理，直至所需数量为止。

（10）样品标记。采集的样品放入统一的样品袋，用铅笔写好标签，内外各一张。

10. 新鲜土样、风干土样的区别与用途？

新鲜土样一般指从田间采集后马上进行分析测试所用的土壤样品，常用于对二价铁、硝态氮、铵态氮等在风干过程中会发生显著变化的成分的分析，较能真实地反映土壤在田间自然状态下的某些理化性状。新鲜样品不宜贮存。风干土样指从田间采集后置于干净的室内通风处摊开直至自然风干，严禁暴晒，注意酸、碱、灰尘、气体等可能影响检测结果的污染源，风干过程要经常翻动土样、捏碎大土块、剔除石块等土壤以外的侵入体。风干土样可以用来分析土壤养分、有机质等理化性能指标。

11. 土壤测定结果的用途有哪些?

测定结果,主要指土壤有机质含量及养分状况,基本上能用土壤化学分析方法得到。土壤有机质含量与作物根际土壤微生物数量的关系十分紧密,有机质含量高低往往决定了土壤的生物活性,同时许多有机物能借助微生物的作用分解转化为有机胶体,大大增加了土壤的吸附表面积,并且产生许多胶黏物质,使土壤颗粒胶结起来变成稳定的团粒结构,提高了土壤保水、保肥和透气的性能及调节土壤温度的能力,为植物根系的生长提供适宜的土壤环境,从而促进植物的生长发育;土壤养分测定值的大小反映出土壤养分含量多少和供肥状况,是衡量施肥效果和确定是否需要施肥的依据,常用来进行不同土壤或不同田块土壤养分状况的比较,同时在田间施肥试验、植株营养诊断和施肥诊断有着广泛的应用及指导作用。在测土配方施肥中,土壤养分测定值和田间试验结果是制定肥料配方和施肥措施的主要依据。

12. 什么是配方肥料?

配方肥料是指以土壤测试和田间试验为基础,根据作物需肥规律、土壤供肥性能和肥料效应,以各种单质化肥和(或)复混肥料为原料,采用掺混或造粒工艺制成的适合于特定区域、特定作物的肥料。

13. 配方肥基础肥的配伍方式有几种?

目前,配方肥国内配伍系列有 5 种形式。

(1)硝铵–过磷酸钙–氯化钾:适于生产低浓度 BB 肥,提倡把过磷酸钙与有机质、微量元素加工成颗粒,与硝酸铵、氯化钾颗粒肥混配。

(2)氯化铵–过磷酸钙–氯化钾:适于生产低浓度 BB 肥,

用颗粒氯化铵代替硝酸铵，可降低成本，由于是双氯化肥，一般用于水田。

（3）尿素-过磷酸钙-氯化钾：适于生产低、中、高浓度 BB 肥。

（4）硝酸磷肥-氯化钾：适于生产中、高浓度 BB 肥，硝酸磷肥是颗粒肥料，含氮、五氧化二磷各 20%，混合后理化性状较好，但硝酸磷肥原料少。

（5）尿素-磷铵-氯化钾：适于生产高浓度 BB 肥，粒度好，耐贮存，国外广泛采用这种配伍方式。

14. 配方肥原料配伍中应注意哪些问题?

在配方肥的生产中，一定要注意粉粒掺混肥和颗粒掺混肥生产中的原料配伍问题。基础原料选用不当，在配伍中出现吸潮、盐分解析、结块、养分损失转化等，不仅影响肥料效果，而且会使有效性降低。

配方肥生产、配肥应注意的问题如下：尿素-磷铵-氯化钾配伍是目前的最佳选择，唯一缺点是养分浓度太高，微肥无法加入。尿素-过磷酸钙（或重钙）-氯化钾配伍带来的问题是：过磷酸钙（或重钙）的主要成分磷酸钙水合物与尿素反应生成化合物，释放出水，使肥料变湿结块。解决办法：一是要严格控制过磷酸钙（或重钙）的含水量，含水量必须控制在 3.4% 以内；二是要进行氨化处理，处理后的含水量必须小于 4%，可用碳酸氢铵对过磷酸钙进行氨化处理。碳酸氢铵的加入量要根据工艺要求严加控制。氨化处理完毕可同氮肥粒、钾肥粒掺混、装袋。另外，配方肥配伍时，硝酸铵和尿素不能同时作为氮源掺混；过磷酸钙和磷酸二铵同时使用，会发生肥料变湿结块。

15. 如何按测土配方计算施肥量?

一般情况下，测土配方施肥推荐表采用的推荐施肥量是纯氮

（N）、磷（P_2O_5）、钾（K_2O）的用量，但由于各种化肥的有效含量不同，所以农民在实际生产过程中不易准确地把握用肥量。应根据实际情况，计算施入土壤中的化肥量。假设该地块推荐用肥量为每亩施纯氮（N）8.5kg、磷（P_2O_5）4.5kg、钾（K_2O）6.5kg，单项施肥其计算方式为：推荐施肥量÷化肥的有效含量＝应施肥数量。可得结果：施入尿素（尿素含氮量一般为（46%）为8.5÷46%＝18.5kg，施入硫酸钾（硫酸钾含K_2O量一般为（50%）为6.5÷50%＝13kg，施入过磷酸钙（过磷酸钙含P_2O_5一般为（12%）为4.5÷12%＝37.5kg。如果施用复混肥，用量应先以配方施肥表上推荐施肥量最少的那种肥计算，然后添加其他两种肥。如果某种复混肥（合）肥袋上标明氮、磷、钾含量为15：15：15，那么该地块应施这种复混肥：4.5÷15%＝30kg，这样土壤中的磷元素已经满足了作物需要的营养。

测土配方施肥歌

中央政策惠顾咱，确定测土施肥县；
全县耕地测一遍，配方施肥是关键。

营养失衡易生病，症状表现各不同；
作物需肥十多种，样样都足才高产。

不足要靠施肥补，补多补少有讲究；
有机无机相结合，现代农业不可缺。

圈肥沼渣和秸秆，种地养地应优先；
养分齐全后劲足，肥效平稳能高产。

化肥种类多而繁，各有千秋和特点；
养分高来见效快，每种作物都喜欢。

氮磷钾肥三要素，铜铁锌硼锰和钼；
单一施肥难满足，测土配方不盲目。

测配产供一条龙，技物结合很盛行；
缺啥补啥成套餐，配方肥料营养全。

测土由咱县局办，结果报省土肥站；
专家为咱定配方，交给企业来生产。

企业由咱省站选，研发中心来监管；
肥料配方精而准，批批抽检严把关。

流通渠道很简单，直销到户少花钱；
乡村建有供肥点，服务到家连锁店。

服务网络都健全，每村都有指导员；
乡镇主管农技站，专家组长指导办。

施肥还有啥疑难，电话咨询土肥站；
从此搭起致富桥，小康路上奔向前。

常见农作物配方施肥技术

16. 小麦需肥规律及配方施肥技术？

一般每生产100kg小麦籽粒，需吸收纯氮（N）3.00kg、磷（P_2O_5）1.00～1.50kg、钾（K_2O）2.00～4.00kg，氮、磷、钾

比例约为 3：1：3。根据小麦的生长发育规律和营养特点，应重施底肥，一般应占总施肥量的 60%~80%，追肥占 40%~20% 为宜。

农民朋友可根据自己的意愿直接购买项目专用肥，或选择施肥配方自己购买原料，自行配制使用。

施用技术：整地前基肥亩施小麦专用肥 50kg（据产量和地力水平选择施用 18-18-6 或 17-16-12 的小麦专用肥），缺锌地块每亩补施锌肥 1~1.5kg。早春要因苗因地追肥，旺长麦田追肥时间为四月上旬，一类麦田追肥时间为三月下旬，每亩追施尿素 15~20kg；二、三类麦田可采取分次施肥技术，早春结合浇水亩施尿素 10kg，小麦起身拔节期亩施尿素 10~15kg。小麦生长后期结合防治病虫喷施 1% 尿素或 0.2%~0.3% 磷酸二氢钾溶液，连喷 2~3 次，以促进小麦灌浆，提高品质和产量。

小麦施肥指标

目标产量（kg/亩）	氮（N）	磷（P_2O_5）			钾（K_2P）		
		土壤有效磷含量（mg/kg）			土壤速效钾含量（mg/kg）		
		<15	15~30	>30	<75	75~100	>100
300~350	10~12	6~7	5~6	4~5	5	0~4	0~3
350~400	10~14	5~8	5~7	5~6	4~6	3~5	0~3
400~500	12~15	6~9	6~8	6~7	6~8	5~7	4~5
≥500	15~20	9	8.5~9	8~8.5	9	8.5~9	8~8.5

推荐施肥量（kg/亩）

17. 玉米需肥规律及配方施肥技术？

每生产 100kg 玉米，需从土壤中吸收氮（N）2.22~4.24kg、磷（P_2O_5）1～1.5kg、钾（K_2O）1.52～4.00kg，产量越高氮磷钾吸收就越多。

玉米需肥规律：玉米对氮肥很敏感，在配施农家肥和磷肥的基础上，在每亩施 3～10kg 尿素的范围内，1kg 尿素可增产 6～11kg 玉米籽粒。玉米需磷较少，但不能缺，三叶期缺磷将导致以后的空秆秃顶。玉米又是喜锌作物，施用锌肥，增产在 15% 左右。

玉米施肥原则是以有机肥为基础，重施氮肥、适施磷肥、增施钾肥、配施微肥。采用农家肥与磷、钾、微肥混合作底肥，氮肥以追肥为主。春玉米追肥应前轻后重，夏玉米则应前重后轻。

玉米施肥量：在中等肥力地块上，每增产 100kg 玉米需要施氮 5kg、磷 2kg、钾 3kg，具体运用还应因地、因品种不同而作适当调整。亩产 500kg 玉米的参考施肥量为：农家肥 1 500kg，氮 9～11kg，磷 4～5kg，钾 5～6kg，锌肥 1kg。

施肥方法：

基肥：直播露地春玉米，应把所需的磷、钾、锌肥和 2～3kg 尿素一并与农家肥拌匀，施入种穴，适墒播种。余下的氮素肥料留作追肥；山区地膜覆盖直播玉米，要把玉米全生育期所需磷、钾、锌肥和 70% 氮肥作底肥。其方法是：在播种两行玉米之间开一条深 10～13cm、宽 25cm 左右的沟。先将氮肥施于底层，再将所有的磷钾锌肥与农家肥混匀，施在氮肥上面。然后起垄覆土，垄高 6～10cm，待时播种覆膜。

种肥：对未包衣的种子，播前晒种 2～3 天，用锌肥 10kg 加水 50g，拌种 1.5～2kg，堆闷 1 小时，摊开阴干即可播种。

追肥：①直播露地春玉米追肥要前轻后重。氮素肥料追拔节肥（6～7 叶期）占施氮总量的 1/3，喇叭肥（10～11 叶期）占 1/3。②直播夏玉米追肥应前重后轻。夏播回茬玉米因农活忙、农时紧，多数是白籽下种，追肥显得十分重要。拔节肥（5～6

叶期）应占总施氮量的2/3，喇叭肥（10~11叶期）占1/3。③地膜玉米：因底肥用量足，肥效长，每亩将未施的30%的氮肥在喇叭口期一次追施。方法是每隔两株玉米打一施肥孔，施入肥料。

玉米施肥指标

目标产量（kg/亩）	推荐施肥量（kg/亩）						
	氮（N）	磷（P_2O_5）			钾（K_2O）		
		土壤有效磷含量（mg/kg）			土壤速效钾含量（mg/kg）		
		<15	15~30	>30	<75	75~100	>100
400~500	10	1.5	0	0	4	2	0
500	12	2.5	1.5	0	6	4	4
>600	14	4	3	2	8	6	6

18. 水稻需肥规律及配方施肥技术？

一般每生产100kg稻谷，需吸收氮（N）2.25kg，磷（P_2O_5）1.1kg，钾（K_2O）2.7kg。$N:P_2O_5:K_2O=1:0.49:1.2$。

水稻移栽后2~3周及7~9周形成两个吸肥高峰，以氮的吸收较早，到穗分化前已达到总吸收量的80%；钾以穗分化至出穗开花期吸收最多，约占总量的60%，出穗开花后停止吸收。磷的吸收较氮、钾稍晚。总之，水稻在抽穗前吸收各种养分数量已占总吸收量的大部分，所以应重视各种肥料的早期供应。

（1）秧田施肥。秧田施肥的主要目标是培育壮苗，为稻株的生长打好基础，这是水稻高产省肥的重要措施。据试验，同样1kg化肥，在秧田比在本田的效果高4~5倍。秧田的秧苗密度大，生长期短，必须肥料充足。秧苗需氮肥较多，钾肥次之，磷肥最少。但在当前氮肥使用量增加的情况下，应注意磷、钾的配合使用。

（2）底肥。水稻要重施底肥，施用底肥可提高土壤供肥水平，调节水稻生育期的养分供应状况。底肥用量应占总施肥量的80%以上，底肥以有机肥为主，辅以配方肥。农家肥、复混肥、磷肥、钾肥都可全作底肥施入，钾肥也可50%作底肥，50%作追肥。氮肥70%作底肥，30%作追肥。底肥在整地时全层基施，对缺锌田块可亩施锌肥1kg。

（3）追肥。水稻应早施分蘖肥，巧施拔节孕穗肥和补施粒肥。水稻有效分蘖期短，一般只有7~10天，分蘖肥需抢时间早施，在移栽后4~5天进行。对于肥田、底肥足、长相好的田块应少施，反之宜多施。一般在分蘖期可亩施尿素5kg。在水稻拔节孕穗期追施穗肥对增加每穗粒数具有重要作用，用量稍多，一般亩施尿素5~7.5kg。粒肥在水稻齐穗前后施，有延长叶片功能期、提高光合强度，增加粒重，减少空秕粒的作用，这时应根据水稻长势不施或少施，亩施尿素3kg左右。此外后期还可喷施0.1%磷酸二氢钾溶液50kg，喷洒1~2次，有很好的增产效果。

（4）施肥数量。在中等肥力田块上种植水稻，推荐施肥数量为：在亩施农家肥2 000kg或秸秆2 500kg还田的基础上，再施氮（N）12.5kg、磷（P_2O_5）4.2kg、钾（K_2O）4.8kg。比中等肥力高或低的田块，可分别减或增加用量10%~15%。

19. 花生需肥规律及配方施肥技术？

每生产荚果100kg，约需吸收氮（N）6.8kg，磷（P_2O_5）1.3kg，钾（K_2O）3.8kg，钙（CaO）3kg。N：P_2O_5：K_2O=5：1：3。

花生具有固氮作用，但苗期根瘤没有形成前不能固氮，因此氮素在苗期应供给充足，以促进幼苗生长。磷素可以促进花生成熟，籽粒饱满，提高结荚率、出仁率及含油量，同时还对根瘤的形成和发育有促进作用。钾素的吸收量很大，钾素对茎蔓、果壳及果仁的生长有促进作用，在沙土地保肥较差的土壤，增施钾肥效果明显。花生是喜钙作物，钙素能加强氮的代谢，有利于根系和根瘤的形成和发育。钼是根瘤固氮过程中不可缺少的元素，钼能促进蛋白质合成，增加固氮能力。

中等肥力水平下花生全生育周期亩施肥量为农家肥 1 500~2 000kg（或商品有机肥 250~300kg），氮肥 8~11kg、磷肥 4~6kg、钾肥 7~8kg。氮、钾肥分基肥和追肥两次施，磷肥全部作基肥，化肥和农家肥（或商品有机肥）混合施用。

基肥：亩施农家肥 1 500~2 000 kg 或商品有机肥 250~300kg，尿素 6~8kg，磷酸二铵 9~13kg，氯化钾 6~7kg，缺锌土壤每亩可底施 1~2kg 硫酸锌，缺硼土壤每亩可底施硼砂 0.25~0.5kg，钼肥可用 0.2%~0.35%钼酸铵水溶液浸种。推荐接种根瘤菌。

追肥：苗期亩追尿素 2.5kg 左右；花生下针结荚后，可叶面喷施 2%~3%的过磷酸钙水溶液 2~3 次，7~10 天 4 次，如果花生长势弱，还可加入 100~200g 尿素配合喷施；荚果成熟期，需肥量还是比较大的。为延长叶的功能期，防止早衰，一般亩用 1%尿素溶液加 2%过磷酸钙澄清液 50kg 进行叶面喷施，或用 0.1%磷酸二氢钾溶液 50kg 喷施，每隔 7~10 天喷 1 次，连续 2~3 次，有一定的增产效果；缺锌、缺硼土壤，在基肥未施锌和硼的情况下，可在苗期至始花期喷施 0.1%~0.2%的硫酸锌或硼砂水溶液，连喷 2~3 次。

花生基肥推荐使用配方　　　　　　　单位：kg/亩

土壤肥力水平	低肥力	中肥力	高肥力
产量水平	200~250	250~300	300~350

（续表）

土壤肥力水平		低肥力	中肥力	高肥力
有机肥施用量	农家肥	2 000~2 500	1 500~2 000	1 000~1 500
	或商品有机肥	300~350	250~300	200~250
氮肥施用量	尿素	7~8	6~8	5~7
	或硫铵	16~18	14~18	12~16
	或碳铵	19~21	16~21	14~19
磷肥施用量	磷酸二铵	11~15	9~13	9~11
钾肥施用量	硫酸钾（50%）	7~8	7~8	6~7
	或氯化钾（60%）	6~7	6~7	5~6

20. 大豆需肥规律及配方施肥技术？

每生产100kg大豆籽粒，约需吸收纯氮（N）8.25kg、磷（P_2O_5）1.75kg、钾（K_2O）3.60kg。

大豆自身有固氮作用，高峰集中于开花至鼓粒期，开花前和鼓粒后期固氮能力均较弱。大豆不同生育阶段需肥量有差异，开花至鼓粒期是大豆吸收养分最多的时期，因此适时适量施用氮肥有较好的增产效果。薄地用少量氮肥作种肥效果更好，有利于大豆壮苗和花芽分化，但种肥用量要少，氮要做到肥种隔离，以免烧种。大豆还需施用磷钾肥，磷肥宜作基肥或种肥早施。钼在氮素转化过程有重要作用，大豆应适量施用钼肥。此外还要多施有机肥，不仅有利于生长发育，而且有利于增强固氮能力。

中等肥力水平下大豆全生育周期亩施肥量为农家肥1 500~2 000kg（或商品有机肥250~300kg，氮肥7~10kg、磷肥4~5kg、钾肥6~7kg。氮、钾肥分基肥和追肥两次施，磷肥全部作基肥，化肥和农家肥（或商品有机肥）混合施用。

基肥：每亩施农家肥 1 500~2 000kg 或商品有机肥 250~300kg，尿素 5~7kg、磷酸二铵 9~11kg、氯化钾 5~6kg。推荐接种根瘤菌。

追肥：大豆开花期追施氮、钾肥，每亩追施尿素 7~10kg，氯化钾 6~7kg。根外追肥：大豆进入花荚期每亩可用磷酸二氢钾 0.2~0.3kg 对水 50~60kg 喷施，微量元素不足时可叶面喷施 0.2%硫酸锌水溶液或 0.2%硼砂水溶液或 0.5%钼酸铵水溶液。从结荚开始每 7~10 天喷 1 次，连喷 2~3 次。如果已用钼酸酸铵拌种，后期可不再喷钼。

21. 甘薯需肥规律及配方施肥技术？

一般每生产 1 000 kg 薯块，至少从土壤中吸收氮（N）3.93kg、磷（P_2O_5）1.07kg、钾（K_2O）6.2kg，甘薯产量的提高与三要素吸收量在一定范围内成正比，并且与三要素的合理配合有关。

甘薯需肥性很强，它在生长过程中从土壤中吸取大量营养物质。钾肥对甘薯产量的影响最大，氮次之，磷又次之。甘薯在生长早期根系还不发达，吸收养分较少。从分枝结薯期至茎叶盛长期吸收速度加快，数量增多。至薯块迅速膨大期，氮磷吸收量较小而钾的吸收量仍保持较高的水平。从整个一生吸收三要素的动态来看，各生育阶段对钾的吸收量最多，从生长开始直到收获期均高于氮和磷的吸收量而以薯块膨大期尤为明显。对氮的吸收在生长早期直到茎叶盛长期均较多，接近后期渐趋减少。甘薯一生中对磷的吸收最少。

甘薯施肥应以有机肥为主，化肥为辅，基施为主，追肥为辅的原则，并要做到生产前期促茎叶早发、早结薯：中期茎叶生长旺盛、稳长，块根膨大转快；后期不脱肥、不早衰。氮素不过多，不贪青，促使块根迅速膨大。对甘薯追施速效化肥，应掌握两个时机。

(1) 早追提苗肥。早追适量化肥，可促使养料向地上部转移，能提早结薯，并促使块根膨大，对增产有明显的效果，山丘薄地或施肥不足的田地，在秧苗成活后，即可进行追肥。追施化肥应氮磷钾配比合理，施用量每亩 15~20kg。

(2) 追施催薯肥：在甘薯生长后期，气温下降。雨量较少，叶色转淡，茎叶衰退，块根膨大快，如果发现叶色落黄稍快，可追施 15kg 氮磷钾配比合理的速效化肥，以防止茎叶早衰。

根据甘薯地块的土壤肥力状况，产量基础、经济与技术水平，以及产量指标等综合考虑对甘薯施肥模式分为以下 3 种：

(1) 亩产 3 000kg 以上高产田施肥技术：高产地块甘薯需肥多，要求亩施充分腐熟的有机肥 3 000kg、尿素 30kg，过磷酸钙 75kg、硫酸钾 25kg。或施甘薯专用配方肥 50kg，甘薯高产田基肥施用量大，一般采取分层分期施肥、粗肥打底、精肥施面的施肥技术，是符合甘薯生长和吸肥特性的。还要注重迟效肥料与速效肥料相结合的方法，把速效化肥施在土壤上层，可促使甘薯前期茎叶早发，早结薯。

(2) 亩产 2 500~3 000kg 中产田施肥技术：根据中产地块土壤肥力及产量水平，一般亩施有机肥 2 000kg，尿素 20kg、过磷酸钙 60kg、硫酸钾 15kg。或甘薯专用配方肥 40~50kg，对于此类地块，要求把全部有机肥集中条施在垅底，以收到经济用肥的效果。化肥的施用可结合起垅时施在犁沟上，随即盖垡，防止烧苗。

(3) 亩产 2 000kg 左右的低产田施肥技术：由于此类地块多为山丘薄地，土壤肥力低，产量水平低。建议亩施有机肥 2 000kg，尿素 10kg，过磷酸钙 30kg。或施甘薯专用配方肥 40kg，一般要求一次施足，有条件的可在团棵前追施一次提苗肥，在膨大期追施一次催薯肥。

甘薯施肥指标

目标产量 （kg/亩）	氮 （N）	磷（P$_2$O$_5$）			钾（K$_2$O）		
		土壤有效磷含量（mg/kg）			土壤速效钾含量（mg/kg）		
		<15	15~30	>30	<75	75~100	>100
<1 500	5	3	2	0	6	5	4
1 500~2 500	6	4	3	2	8	6	5
>2 500	9	5	4	3	10	8	6

22. 棉花需肥规律及配方施肥技术？

每形成 100kg 皮棉，约需要吸收纯氮（N）13.35kg、磷（P$_2$O$_5$）4.65kg、钾（K$_2$O）13.35kg，需肥量随产量水平的提高而增加。

棉花吸肥高峰期在花铃期，氮肥吸收高峰期在盛花期，磷钾吸收高峰期在盛花期至吐絮期。锌、硼、锰等元素根据土壤养分供应状况，因缺补缺，针对性使用。棉花要求棉田有较高的肥力，所以要施足基肥，还需适时适量施用追肥。一般要掌握前轻后重的原则，因地、因时、因苗施用。

基肥：应以有机肥为主，一般亩施农家肥 2 000kg 左右，有条件的同时将 30%~50% 的氮肥、全部磷肥、50%~100% 的钾肥基施。不具备施基肥条件的夏棉，可在苗期早追。棉花对锌、硼反应敏感，建议每亩基施锌肥（硫酸锌）1~2kg，硼肥 0.5kg。棉花配方肥同时含有氮、磷、钾、锌、硼等养分，最好根据土壤养分特点和管理水平，选择适宜品种的棉花配方肥，一般每亩使用 40~50kg。

追肥：追肥以氮肥为主，一般分初花期和盛铃期两次进行，前轻后重。两次施肥比例为 1：2。初花期苗情较好长势偏旺的，可省略第一次追肥。习惯于一次性追肥的，可在花铃前期（每株有 1~2 个幼铃时）进行。磷肥主要作基肥使用，就可以满足棉花全生育期的需要，所以棉花一般不再追施磷肥。需要追施钾肥的，可与氮肥配合，在盛铃期追施。

盖顶肥；盖顶肥主要是防止棉花后期缺肥而早衰，以此争取多结秋桃和增加铃重。此时补施肥料因土施不便，一般采用根外追肥。以喷施磷酸二氢钾为主。进入花铃期如发现磷、钾不足，可叶面喷施 0.2%~0.3%磷酸二氢钾。氮肥不足的棉田，还可将 0.2%~0.3%的磷酸二氢钾与 0.5%~1.0%的尿素配合喷施。喷至叶面布满雾滴为度。喷施时间以 16：00 以后或阴天时为好。每隔 10~15 天喷 1 次，共喷 3~4 次即可。

棉花不同生产条件下的推荐施肥量

目标产量（皮棉：kg/亩）	氮（N）	磷（P_2O_5）			钾（K_2O）		
		土壤有效磷含量（mg/kg）			土壤速效钾含量（mg/kg）		
		<15	15~30	>30	<75	75~100	>100
60	10~12	5	4	3	6	5	0
80	12~14	6	5	4	7	6	0
100	14~16	7	6	5	8	7	5

23. 如何对蔬菜进行科学施肥？

根据蔬菜产量和养分吸收量以及保护地土壤养分状况确定施肥量，根据蔬菜的营养生理特点确定施肥期。蔬菜苗期需要养分不多，在旺盛生长和产品形成期需要养分较多。有机肥和磷肥一般在蔬菜播种和定植前做基肥，速效氮钾肥可在蔬菜生育中期做追肥。追肥的次数可根据蔬菜生育期长短确定，生育期短的蔬菜可在生长中期追 1~2 次肥，生长期长的蔬菜可在养分需求较多的时间追 3~4 次肥。一般每 7~15 天追 1 次肥，根据不同蔬菜和不同肥料确定施肥方法。磷肥易被土壤固定，应集中施用，条施或穴施。氮、钾肥一般是开沟条施或穴施，生育后期也可随水追施。

（1）增施有机肥。可用腐熟的猪栏肥或商品有机肥，提高土壤的养分缓冲能力，防止盐类积聚，延缓土壤盐渍化过程。

（2）科学合理施用化肥。根据测土了解土壤养分含量和各种化肥的性能，确定使用化肥的品种、数量和配比。化肥做基肥最好与农家肥混合使用，因为农家肥有吸附化肥营养元素的能力，可提高肥效。根据不同蔬菜类型和品种，确定施用不同化肥。如叶菜类需氮较多，可多施尿素、硝酸铵、硫酸铵、碳酸氢铵、氨水等。果菜类需磷钾较多，可多施磷酸二铵、磷酸二氢钾、过磷酸钙、氯化钾等。根茎类需磷钾肥较多，可多施氯化钾、硫酸钾、磷酸二氢钾、多元复合肥等。

（3）基肥深施，追肥限量。用化肥作基肥时深施，作追肥时尽量"少量多次"，最好将化肥与有机肥混合施于地面，然后耕翻。追肥一般很难深施，故应严格控制每次施肥量，宁增加追肥次数，以满足蔬菜对养分的需求，不可一次施肥过多，造成土壤溶液的浓度升高。

（4）提倡施用蔬菜专用肥、有机复合肥，推广应用根外追肥和水肥一体化的微灌技术。

24. 黄瓜需肥规律及配方施肥技术?

每生产 1 000kg 黄瓜，需从土壤中吸取氮（N）1.9~2.7kg、磷（P_2O_5）0.8~0.9kg、钾（K_2O）3.5~4.0kg。三者比例为 1：0.5：1.25。

黄瓜生长快，结果多，喜肥。但根系分布浅，吸肥、耐肥力弱，特别不能忍耐含高浓度铵态氮的土壤溶液，故对肥料种类和数量要求都较严格。黄瓜定植后 30 天内吸氮量呈直线上升，到生长中期吸氮最多。进入生殖生长期，对磷的需要剧增，而对氮的需要略减。黄瓜全生育期都吸钾。黄瓜果实靠近果梗，果肩部分易出现苦味，产生苦味的物质是葫芦素（$C_{12}H_5O_8$），产生原因极复杂。从培育角度看，氮素过多、低温、光照和水分不足，以及植株生长衰弱等都容易产生苦味，因此黄瓜坐果期既要满足供给氮素营养，又要注意控制土壤溶液氮素营养浓度。

基肥：基肥以有机肥为主，一般每亩基施腐熟的猪厩粪 2 500~3 000kg 或土粪 5 000kg 以上，并配施计划总用化肥中磷肥的 90%、钾肥的 50%~60% 和氮肥的 30%~40%。

坐果肥：黄瓜为无限花序，结果期较长，要求每结一次果后需要补以水肥。据菜农经验，采用灌浑水（即将肥料溶于水中，随水灌入畦内）与灌清水相结合，可防止肥劲过头，有利于黄瓜优质、丰产。追肥应掌握轻施、勤施的原则，一般每隔 7~10 天追 1 次肥，每次每亩用尿素 10~15kg，并配以腐熟的粪稀，全生育期共追肥 7~9 次。

喷施叶面肥。据实践，在生长中期喷施 0.2%~0.3% 磷酸二氢钾溶液，有良好的增产效果。

25. 番茄需肥规律及配方施肥技术？

每形成 1 000 kg 番茄，需氮（N）7.8kg、磷（P_2O_5）1.3kg、钾（K_2O）15.9kg、钙（CaO）2.1kg、镁（MgO）0.6kg，一生中对 N、P、K、Ca、Mg 这 5 种元素吸收比例大约为 1∶0.26∶1.8∶0.74∶0.18。

春茬番茄养分吸收主要在中后期，而秋茬番茄则集中在前中期。番茄定植后，各个时期吸收的氮、钾量均大于吸磷量。春秋茬番茄苗期对养分的吸收量较少，秋茬养分吸收比例比春茬高。

定植后 20~40 天，秋茬的吸收量明显高于春茬，且吸钾量较高。盛果期，春茬番茄对养分的吸收量达到高峰，而秋茬对养分吸收的速率下降。在生育末期，春茬吸收氮、磷、钾的量高于秋茬。

番茄施肥以基肥为主，追肥为辅，以重施优质有机肥料为主，化肥为辅。

中等肥力水平下番茄全生育期每亩施肥量为农家肥 3 000~3 500kg（或商品有机肥 400~450kg），氮肥 17~20kg、磷肥 6~8kg、钾肥 11~14kg。氮、钾肥分基肥和三次追肥施用，施肥比例为 2∶3∶3∶2，磷肥全部作基肥，化肥和农家肥（或商品有机肥）混合施用。

基肥：每亩施用农家肥 3 000~3 500kg 或商品有机肥 400~450kg，尿素 5~6kg、磷酸二铵 13~17kg、硫酸钾 7~8kg。

追肥：第一穗果膨大期亩施尿素 8~9kg，硫酸钾 5~6kg；第二穗果膨大期亩施尿素 11~13kg、硫酸钾 6~8kg；第三穗果膨大期亩施尿素 8~9kg、硫酸钾 5~6kg。

根外追肥：第一穗果至第三穗果膨大期，叶面喷施 0.3%~0.5%的尿素或磷酸二氢钾或 0.5%~0.8%的硝酸钙水溶液或微量元素肥料 2~3 次。设施栽培可增施二氧化碳气肥。

26. 辣椒需肥规律及配方施肥技术？

每生产 1 000kg 辣椒，需纯氮（N）3.5~5.4kg、磷（P_2O_5）0.8~1.3kg、钾（K_2O）5.5~7.2kg。

从生育初期到果实采收期，辣椒在各个不同生育期，所吸收的氮、磷、钾等营养物质的数量也有所不同：从出苗到现蕾，植株根少、叶小，需要的养分也少，约占吸收总量的 5%；从现蕾到初花植株生长加快，植株迅速扩大，对养分的吸收量增多，约占吸收总量的 11%；从初花至盛花结果是辣椒营养生长和生殖生长旺盛时期，对养分的吸收量约占吸收总量的 34%，是吸收氮素最多的时期；盛花至成熟期，植株的营养生长较弱，养分吸收量约占吸收总量的50%，这时对磷、钾的需要量最多；在成熟果采收后为了及时促进枝叶生长发育，这时又需要大量的氮肥。

基肥：大田亩产5 000kg辣椒，亩施农家肥5 000~8 000kg，过磷酸钙25~50kg、硫酸钾25~35kg，或施45%复合肥（15-15-15）30~40kg，整地前撒施60%，定植时沟施40%，以保证辣椒较长时间对肥料的需要。

育苗肥：在100m²苗床上，施入150~200kg农家肥，过磷酸钙1~2kg，翻耕3~4遍，达到培育壮苗的目的。

追肥：幼苗移栽后，结合浇水追施腐熟人粪尿。蹲苗结束后，门椒以上茎叶长出3~5节，果实达2~3cm时，及时冲施高氮复合肥10~15kg。半月后，追施第二次量同前。雨季过后，及时追肥，每亩追施高氮复合肥10~15kg，促多结椒。

叶面追肥：开花结果期，叶面喷0.5%尿素加0.5%磷酸二氢钾，可以提高结果数量，改善果实品质。

27. 西瓜需肥规律及配方施肥技术？

杂交西瓜需高水高肥。据测算，生产1 000kg西瓜，需氮（N）5kg、磷（P_2O_5）2kg、钾（K_2O）5kg。

基肥：亩施优质有机肥2 000kg、饼肥75~100kg，配施西瓜专用肥50kg或硫酸钾型复合肥10kg。如果没有复合肥，也可混施尿素10kg、过磷酸钙30kg、硫酸钾10kg。有机肥、饼肥应在整地时分层施或全层施用，化肥在整地做畦后西瓜移栽时与少量有机肥混匀开沟条施或穴施。

长瓜肥：施长瓜肥可促进早结瓜，结大瓜，但要根据地力和苗情适量追施。一般在坐果期，西瓜膨大至0.25kg时，每亩追施尿素4~5kg。

叶面喷肥：西瓜蔓长，叶面积大，采用叶面喷施可提高肥料利用率。西瓜转入生殖生长阶段，对磷钾需量大增，为防止早衰，每亩可用 0.2%~0.5% 的磷酸二氢钾加 0.1% 的硼肥和 0.5% 的硫酸亚铁等微量元素肥料水溶液 50kg 叶面喷施，既可防早衰，增强抗病能力，又可提高西瓜的品质。

28. 大蒜需肥规律及配方施肥技术？

一般每生产 1 000 kg 大蒜，需吸收氮（N）13.0kg，磷（P_2P_5）3.5kg，钾（K_2O）11.0kg，施肥量随着品种特性、栽培技术、土壤、气候等而有所变化。在金乡潮土区，大蒜产量水平在 1 000~2 000kg/亩的范围内，亩施 N、P_2O_5、K_2O 分别以 30kg、16kg、24kg 为宜。大蒜配方根据地力情况和产量情况，建议配方：17-12-16、18-10-18 或 16-9-20 等。施肥建议：增施腐熟的优质有机肥 2 000kg/亩以上；针对连年种植、土传真菌病害加重情况，施用生物有机肥。另外，中微量元素在作物体内虽然含量很低，但却具有大量元素不可替代的作用。根据土壤养分状况，因缺补缺，针对性使用，可作为基肥，也可作为追肥。

基肥：全部有机肥，3/4 的氮肥，全部磷肥，3/4 的钾肥作为基肥，一般亩施厩肥或堆肥 2 000~3 000kg（或精制有机肥 80~100kg）。

追肥：剩余 1/4 的氮肥和 1/4 的钾肥作为追肥，一般亩追 N 7kg、K_2O 6kg。追肥分两次进行，在 4 月 10 日前后浇第一遍水时，随水冲施 N 4kg、K_2O 2kg；在 4 月下旬浇第二遍水时，随水冲施 N 3kg、K_2O 4kg。

实际生产中，春季浇水冲肥应结合当时天气状况，适时操作。尤其是在蒜薹伸长和蒜头膨大期，大蒜需要充足的水分和营养以及不太高的地温，可根据不同地块、不同发病程度精细管理。各类地块应看天气视墒情浇水冲肥，天气预报雨来之前不宜浇水，应推迟浇水时期，防治浇水后遇雨对大蒜造成危害。

正常无病地块：应浇大水，浇足浇透，亩施冲施肥或溶性较好的复合肥或可溶性海藻酸（腐殖酸、氨基酸）肥料10~15kg。

重茬较轻地块：应浇小水，亩施可溶性海藻酸（腐殖酸、氨基酸）肥料5~10kg，并进行叶面追肥，喷施叶面肥或0.5%的尿素+0.3%的磷酸二氢钾稀释液，5~7天喷一次。

重茬较重地块：应视墒情适时浇水，先进行叶面追肥，喷施叶面肥或0.5%的尿素+0.3%的磷酸二氢钾稀释液，5~7天喷一次，适时浇水冲肥。

29. 洋葱需肥规律及配方施肥技术？

一般每生产1 000kg洋葱，需要吸收氮（N）1.9~2.2kg、磷（P_2O_5）0.6~0.9kg、钾（K_2O）3.2~3.6kg。

洋葱喜肥，对土壤肥力要求高，尤其对钾的吸收量最大。洋葱在不同生育期对氮、磷、钾的需求不同。幼苗期生长缓慢，需肥量小，以氮为主；进入叶片生长盛期，需肥量和吸肥强度迅速增长，此时仍以氮为主；在鳞茎膨大期，生长量和需肥量仍缓慢上升，以钾为主；洋葱整个生育期都不能缺磷。

基肥：洋葱定植地块要施足基肥，一般以有机肥为主，每亩施用有机肥3 000~4 000kg，16-12-18的复合肥80kg。

追肥：叶生长盛期：亩施上述配方的复合肥15~20kg；鳞茎膨大期：鳞茎开始膨大，当小鳞茎增大至3cm左右时，已进入鳞茎膨大期，为促进鳞茎膨大，一般亩施高钾复合肥10~15kg。当鳞茎继续长到4至5cm时，再酌情追肥1次。

30. 山药施肥规律及配方施肥技术？

山药生产的施肥原则是以有机肥为主，化肥为辅，保持或增加土壤肥力及土壤微生物活性。

山药施肥中禁止施用含氯化肥和硝态氮肥。

底肥：春季整地时，每亩施优质腐熟农家肥 5 000kg 以上，18-12-18 的配方肥 100kg 做底肥。山药的吸收根系大部分分布在距地面 30cm 深的土层内，因此肥料要施入表土。

追肥：在定植前施足底肥的情况下，山药甩条发棵期不需要再追肥。现蕾时重施肥 1 次，约占总追肥量的 60%，即每亩施 18-10-20 含量的配方肥 30~40kg。进入根茎膨大盛期（7 月下旬）再追肥 1 次，约占总追肥量的 40%，每亩施 18-10-20 含量的配方肥 20~25kg。最后一次追肥在距采收期 30 天以前进行。

根外追肥：8 月上旬至 9 月上旬，结合防病治虫，叶面喷洒 0.3% 尿素和 0.2% 磷酸二氢钾 3~4 次，防止山药早衰，叶面喷肥宜避开高温时间，最后一次叶面喷肥在距山药采收期 20 天以前进行。

31. 茄子需肥规律及配方施肥技术?

每生产 1 000kg 茄子，吸收氮（N）2.7~3.3kg、磷（P_2O_5）0.7~0.8kg、钾（K_2O）4.7~5.1kg、钙（CaO）1.2kg、镁（MgO）0.5kg。

茄子属茄科一年生蔬菜，生育期长，需肥量大，根系发达，入土深，侧根横向扩展范围广，所以有机肥料应深施，追肥以有机、无机肥料配合施用。

茄子对氮、磷、钾的吸收量，随着生育期的延长而增加。生育初期的肥料主要是促进植株的营养生长，随着生育期的进展，养分向花和果实的输送量增加，在盛花期，氮和钾的吸收量显著增加，这个时期如果氮素不足，花发育不良，短柱花增多，产量降低。

中等肥力水平下茄子全生育期每亩施肥量为农家肥 3 000~3 500kg（或商品有机肥 400~450kg）、氮肥 14~17kg、磷肥 4~

6kg、钾肥 10~13kg，氮、钾肥分基肥和二次追肥，磷肥全部作基肥，化肥和农家肥（或商品有机肥）混合施用。

基肥：每亩施用农家肥 3 000~3 500kg 或商品有机肥 400~450kg，尿素 4~5kg、磷酸二铵 9~13kg、硫酸钾 6~8kg。

追肥：对茄子膨大期亩施尿素 11~14kg、硫酸钾 7~9kg；果实膨大期追尿素 11~14kg、硫酸钾 7~9kg。

根外追肥：缺钾地区可在茄子膨大期叶面喷施 0.2%~0.5% 磷酸二氢钾水溶液补充钾肥，还可叶面喷施微量元素以补充微肥。设施栽培可增施二氧化碳气肥。

32. 大白菜需肥规律及配方施肥技术？

每生产 1 000kg 大白菜，需氮（N）1.82~2.6kg、磷（P_2O_5）0.9~1.1kg、钾（K_2O）3.2~3.7 kg、钙（CaO）1.61kg、镁（MgO）0.21kg，其比例 1:0.45:1.57:0.7:0.1。

大白菜生育期长，产量高，养分需求量极大，对钾的吸收量最多，其次是氮、钙、磷、镁。总的需肥特点是：苗期吸收养分较少，莲座期明显增多，包心期吸收养分最多。充足的氮素营养对促进形成肥大的绿叶和提高光合效率具有特别重要的意义，如果后期磷钾供应不足，往往不易结球。

基肥：每亩施用农家肥 2 000~2 500kg 或商品有机肥 300~350kg，尿素 4~5kg、磷酸二铵 11~17kg、硫酸钾 6~7kg、硝酸钙 20kg。

追肥：追肥以速效肥料为主。苗期每亩施用尿素 5kg 或硫酸铵 5~10kg。莲座期时，每亩施用尿素 10kg、过磷酸钙 15kg、硫酸钾 7~9kg 即可。结球中期应追施尿素 10~15kg、过磷酸钙 10kg、硫酸钾 20~25kg。

根外追肥：在生长期喷施 0.3% 的氯化钙溶液或 0.25%~0.5% 的硝酸钙溶液，可降低干烧心发病率。

33. 大葱需肥规律及配方施肥技术?

每生产 1 000 kg 大葱, 约吸收氮 (N) 3.4kg、磷 (P_2O_5) 1.8kg、钾 (K_2O) 6.0kg, 氮、磷、钾比例为 1.9:1:3.3。

大葱施肥以有机肥为主, 要求 N、P、K 齐全, 应特别注意 S 肥的施用。追肥以速 N 为主, 以"前轻后重、攻中补后"的原则。

基肥: 适时定植, 施有机肥 2 500~3 500kg, 草木灰 100kg, 过磷酸钙 25kg, 18-12-18 硫酸钾型复混肥 40~50kg。

追肥: A. 轻施攻叶肥, 施 18-12-18 硫酸钾型复混肥 15kg 或有机肥 1 000~1 500kg。

B. 巧施攻棵肥, 9 月上旬是大葱生长速生期, 根据长势, 施肥量可略多于上次施肥量。

C. 重施葱白增重肥, 9 月下旬至 10 月上旬, 是需肥高峰期, 补施 18-12-18 的复混肥 10kg。每亩施硼砂 1kg, 可提高葱白质量。

34. 胡萝卜需肥规律及配方施肥技术?

每形成 1 000 kg 胡萝卜, 需吸收氮 (N) 4.1~4.5kg、磷 (P_2O_5) 1.7~1.9kg、钾 (K_2O) 10.3~10.4kg、钙 (CaO) 3.8~5.9kg、镁 (MgO) 0.5~0.8kg。

氮能促进胡萝卜枝叶生长, 合成更多养分; 磷有利于养分运转, 增进品质, 对胡萝卜的初期生长发育影响很大, 但对以后肉质膨大作用较小, 故一般在基肥中施入; 钾能促进根部形成层的分生活动, 增产效果明显。在中、后期适当追肥, 并注意磷、钾肥的配合使用。基肥中施用钙镁磷肥, 可增加土壤中的钙镁含量。胡萝卜生长还需要钼和硼, 缺钼植株生长不良, 植株矮小, 缺硼根系不发达, 生长点死亡, 外部变黑。

中等肥力水平下全生育期每亩施肥量为农家肥 2 000~
2 500kg（或商品有机肥 300~350kg，氮肥 8~11kg、磷肥 5~
6kg、钾肥 10~12kg，氮、钾肥分基肥和二次追肥，磷肥全部作
基肥，化肥和农家肥（或商品有机肥）混合施用。

基肥：每亩施用农家肥 2 000~2 500kg 或商品有机肥 300~
350kg，尿素 3~4kg、磷酸二铵 11~13kg、硫酸钾 7~9kg。

追肥：肉质根膨大前期亩施尿素 6~9kg、硫酸钾 5~7kg，肉
质根膨大中期亩施尿素 5~7kg、硫酸钾 5~7kg。

根外追肥：缺硼可叶面喷施 0.10%~0.25%的硼酸溶液或硼
砂溶液 1~2 次，缺钼可叶面喷施 0.05%~0.1%的钼酸铵溶液 1~
2 次。

35. 葡萄需肥规律及配方施肥技术？

每形成 1 000kg 葡萄，需吸收氮（N）3.8kg、磷（P_2O_5）
2.2~2.5kg、钾（K_2O）4~5kg。

葡萄生长发育需要氮、磷、钾、钙、硼、镁、铁、锌等多种
元素。需氮量最大时期是从萌芽展叶至开花期前后直至幼果膨大
期。需磷量最大时期是幼果膨大期至浆果着色成熟期。需钾量最
大时期是幼果膨大期至浆果着色成熟期，且在整个生长期内都吸
收钾，因此，整个果实膨大期应增施钾肥。

中等肥力水平下葡萄年生育周期亩施肥量为农家肥 3 000~
3 500kg（或商品有机肥 400~450kg），氮肥 16~18kg、磷肥 7~
8kg、钾肥 8~10kg。有机肥做基肥，氮、钾分基肥和二次追施，
施肥比例为 3：4：3，磷肥全部基施，化肥和农家肥（或商品有
机肥）混合施用。

基肥：以有机肥料为主，配合一定量的化肥，基肥秋施效果
较好。一般亩施农家肥 3 000~3 500kg 或商品有机肥 400~
450kg，磷酸二铵 15~17kg、尿素 6kg、硫酸钾 5~6kg。

追肥：开花期亩施尿素 13~14kg，硫酸钾 7~8kg。幼果膨大期亩施尿素 10~11kg、硫酸钾 4~6kg。

根外追肥：开花前喷 0.2%~0.5%的硼砂溶液能提高坐果率。坐果期与果实生长期喷 3~4 次 0.3%的磷酸二氢钾或过磷酸钙溶液或 0.05%~0.1%硫酸锰溶液，有提高产量、增进品质的效果。对缺铁失绿葡萄，重复喷施硫酸亚铁和柠檬酸铁等均有良好效果。当植株移栽根系尚未完全恢复时，喷施 0.2%~0.3%尿素可提高成活率，缩短缓苗期。

36. 草莓需肥规律及配方施肥技术？

每形成 1 000kg 草莓，需吸收氮（N）6~10kg、磷（P_2O_5）2.5~4kg、钾（K_2O）9~13kg。

草莓生长需要氮磷钾及硼、镁、锌、铁、钙等多种微量元素。生长早期需磷，早中期大量需氮，整个生长期需钾。缺氮严重时，叶片会变成黄色，局部枯焦而且比正常叶略小。缺磷加重时，上部叶片外观呈现紫红的斑点，较老叶片也有这种特征，植株上的花和果比正常植株小。缺钾的症状常发生于新成熟的上部叶片，叶片边缘常出现黑色、褐色和干枯，继而为灼伤，老叶片受害严重，果实颜色浅，味道差。

中等肥力水平下全生育期亩施肥量为有机肥 3 000~3 500kg（或商品有机肥 450~500kg），氮肥 14~16kg、磷肥 6~8kg、钾肥 8~10kg。有机肥做基肥，氮、钾分基肥和二次追施，磷肥全部基施，化肥和农家肥（或商品有机肥）混合施用。

基肥：基肥以有机肥为主，配合适量化肥。一般亩施农家肥 3 000~3 500kg 或商品有机肥 450~500kg，尿素 5~6kg、磷酸二铵 15~20kg、硫酸钾 5~6kg。

追肥：开花期追肥：一般亩施尿素 9~10kg、硫酸钾 4~6kg。浆果膨大期追肥：一般亩施尿素 11~13kg、硫酸钾 7~8kg。根外追肥：花期前后叶面喷施0.3%尿素或0.3%磷酸二氢钾或0.3%硼砂3~4次，可提高坐果率，并增加单果重。初花期和盛花期喷0.2%硫酸钙加0.05%硫酸锰（体积1∶1），可提高产量及果实贮藏性能。

37. 韭菜需肥规律及配方施肥技术?

每生产1 000kg韭菜，需吸收氮（N）3.7kg、磷（P_2O_5）0.8kg、钾（K_2O）3.1kg。

定植当年施肥技术：韭菜定植前亩施有机肥6 000~8 000kg，16-16-16的掺混肥150kg。韭菜根定植后十余日，新根已经发生，可结合浇水进行第一次追肥，亩施纯氮（N）3kg，钾（K_2O）3kg。9月初至10月初，是韭菜同化功能最强时期，应结合浇水，每10~15天追一次肥，施肥量同第一次。

定植后第二年施肥技术：春季返青时，每亩追施28-6-6的复混肥25~30kg；以后每收一次韭菜就追施24-10-14的配方肥25~30kg，一般追3次；4、5月分别追两次肥料，1次亩施尿素7.5~10kg，另1次追施24-10-14的配方肥12.5~15kg；立秋后亩追施上述配方肥12.5~15kg。

38. 萝卜需肥规律及配方施肥技术?

每生产1 000kg萝卜，需纯氮（N）2.0kg，磷（P_2O_5）0.7kg，钾（K_2O）2.9kg。

基肥：每亩可撒施腐熟的有机肥2 500~3 000kg，草木灰50kg，过磷酸钙25~30kg，耕入土中。增施一定数量饼肥，可以使肉质根组织充实，贮藏期间不易空心。

追肥：施用量上掌握轻-重-轻的原则。第一次追肥在幼苗长出2片真叶时，在行间追施人粪尿；第二次追肥在第二次间苗后追一次人粪尿，每亩增施过磷酸钙和硫酸钾各5kg。对中小型萝卜 3 次追肥后，萝卜肉质根迅速膨大，可不再追肥；大型的萝卜生长期长，每亩追施硫酸铵 15~20kg，至萝卜生长到盛期再追施草木灰等钾肥 1 次，每亩 100~150kg，以后每周喷 1 次 2%~3%过磷酸钙有显著的增产效果。进入莲坐期，进行第 3 次追肥，亩施纯氮 5kg，氧化钾 7kg。肉质根生长盛期进行第 2 次追肥，亩施纯氮 5kg，氧化钾 7kg。

39. 马铃薯需肥规律及配方施肥技术？

每生产 1 000kg 块茎，需吸收氮（N）5~6kg、磷（P_2O_5）1~3kg、钾（K_2O）12~13kg。钾（K_2O）比例为 2.5：1：5.3。

马铃薯的整个生育期间，因生育阶段不同，其所需营养物质的种类和数量也不同。幼苗期吸肥很旺，发棵期吸肥量迅速增加，到结薯初期吸收氮、磷、钾三要素，按总吸肥量的百分数计，发芽到出苗期分别为 6.0%、8.0%、9.0%。发棵期为 38.0%、34.0%、36.0%，结薯期为 56.0%、58.0%和 55.0%。三要素中马铃薯对钾的吸收量最多，其次是氮、磷最少。

马铃薯施肥总原则是：施足基肥，早施追肥，多施钾肥，重施有机肥。有机肥以优质腐熟的农家肥为主，化肥做到氮磷钾配合施用，钾肥以硫酸钾或硫基复合肥为主，尽量不施或少施氯化钾、氯基复合肥等，根据苗情长势，可进行叶面喷施，补充中微量元素。一般亩产 2 500kg 块茎时，其施肥情况如下。

基肥：以有机肥为主，氮磷钾配施。一般亩施优质农家肥 2 000~3 000kg，于整地前撒施或播种前沿着播种沟条施。同时每亩施尿素 10~15kg，磷酸二铵 10~12kg，单质硫酸钾 20~30kg，或亩施 45%薯类配方肥（10-15-20）50~75kg，施肥应开沟集中施用，沟深 25~30cm。

追肥：由于早春温度较低，幼苗生长慢，土壤中养分转化慢，养分供应不足。为促进幼苗迅速生长，促根壮棵为结薯打好基础，强调早追肥，在马铃薯开花前追肥，开花后一般不再施氮肥。苗期追肥亩施 45% 配方肥（15-15-15）10～15kg 为宜。后期为防治马铃薯早衰，可适当追施少量磷钾肥。也可通过叶面肥施 1.0% 的尿素溶液或 0.1% 的磷酸二氢钾溶液等方法进行。在花期喷施硫酸铜或硫酸铜与硼砂混合液也有较好的效果。

40. 甜瓜需肥规律及配方施肥技术？

每形成 1000kg 甜瓜，需吸收氮（N）3.5kg、磷（P_2O_5）1.7kg、钾（K_2O）6.8kg、钙（CaO）5.0kg、镁（MgO）1.1kg。

甜瓜需肥量大，对养分吸收以幼苗期吸肥最少，开花后氮、磷、钾吸收量逐渐增加，氮、钾吸收高峰约在坐果后 16～17 天，坐果后 26～27 天就急剧下降。磷、钙吸收高峰在坐果后 26～27 天，并延续至果实成熟。开花到果实膨大末期的 1 个月左右时间内，是甜瓜吸收矿质养分最多的时期，也是肥料的最大效率期。钙和硼不仅影响果实糖分含量，而且影响果实外观，钙不足时，果实表面网纹粗糙，泛白，缺硼时果肉易出现褐色斑点。甜瓜为忌氯作物，不宜施用氯化铵、氯化钾等肥料。

中等肥力水平下甜瓜全生育周期亩施肥量为有机肥 3000～3500kg（或商品有机肥 400～450kg），氮肥 18～21kg、磷肥 6～8kg、钾肥 8～10kg。有机肥做基肥，氮、钾肥分基肥和三次追施，磷肥全部基施，化肥和农家肥（或商品有机肥）混合施用。

基肥：基肥以有机肥为主，配合适量化肥。一般亩施农家肥 3000～3500kg 或商品有机肥 400～450kg，尿素 5～6kg、磷酸二铵 13～17kg、硫酸钾 5～6kg。

追肥：伸蔓期追肥：亩施尿素 9～10kg、硫酸钾 3～4kg。果实膨大初期：亩施尿素 12～14kg、硫酸钾 4～6kg。果实膨大中期追肥：亩施尿素 9～10kg、硫酸钾 3～4kg。

根外追肥：坐果后每隔 7 天左右喷一次 0.3%磷酸二氢钾溶液，连喷 2~3 次。

41. 芸豆需肥规律及配方施肥技术？

每生产 1 000kg 商品豆类，需氮（N）10.1kg，磷（P_2O_5）2.3kg，钾（K_2O）5.9kg，其吸收比例为 1：0.3：0.6。芸豆对镁、锌、锰高度敏感，肥料的吸收盛期为结荚后 30 天。

芸豆生育期中吸收氮钾较多，对磷肥的需求虽不多，但缺磷使开花结荚减少，荚内籽粒少，产量低。钾能明显影响菜豆的生育和产量。微量元素硼和钼对菜豆的生育和根瘤菌的活动有良好的作用，适量施用钼酸铵可以提高芸豆的产量和品质。矮生芸豆生育期短，从开花盛期起就进入旺盛生长期，所以宜早期追肥，促发育早，开花结果多。蔓性芸豆生长发育比较缓慢，大量吸收养分的时间开始也迟，从嫩荚伸长起才旺盛吸收，生育后期仍需吸收多量的氮肥，所以更应后期追肥，防止早衰，延长结果期，增加产量。

中等肥力水平下芸豆全生育期每亩施肥量为农家肥 2 500~3 000kg（或商品有机肥 350~400kg），氮肥 8~10kg、磷 5~6kg、钾肥 9~11kg，氮、钾肥分基肥和二次追肥，磷肥全部作基肥。化肥和农家肥（或商品有机肥）混合施用。

基肥：每亩施用农家肥 2 500~3 000kg 或商品有机肥 350~400kg，尿素 3~4kg、磷酸二铵 11~13kg、硫酸钾 6~8kg。

追肥：抽蔓期亩施尿素 6~9kg，硫酸钾 4~6kg，开花结荚期亩施尿素 5~7kg、硫酸钾 4~6kg。根外追肥：结荚盛期，用 0.3%~0.4%的磷酸二氢钾或微量元素肥料叶面喷施 3~4 次，每隔 7~10 天施 1 次。设施栽培可补充二氧化碳气肥。

42. 生姜需肥规律及配方施肥技术？

每生产 1 000 kg 鲜姜，约吸收氮（N）6.3kg、磷（P_2O_5）1.3kg、钾（K_2O）11.2kg。氮磷钾比例为 5：1：8。

在幼苗期植株生长缓慢，生长量小，幼苗对氮、磷、钾的吸收量也较少，三股杈期以后，植株生长速度加快，分杈数量增加，叶面积迅速扩大，根茎生长旺盛，因而需肥量迅速增加。

基肥：结合深翻整地，每亩施优质腐熟鸡粪 3 000~4 000kg、或施优质圈肥 4 000~5 000kg，纯硫基复合肥 50kg，硫酸锌 1~2kg，硼砂 1kg。

追肥：

①轻施壮苗肥：于 6 月中上旬幼苗长出 1~2 个分枝时，结合浇水冲施二次肥，间隔 10~15 天，每次每亩冲施高氮复合肥 15~20kg。

②重施拔节肥：又称转折肥（立秋前后），三股杈阶段，生姜进入旺盛生长期，是追肥的关键时期，每亩追施高氮复合肥 70~80kg。

③冲施补充肥：在块茎膨大期进行，9 月中旬植株出现 6~8 个分杈时，每亩冲施高氮钾复合肥 50kg 左右，分两次施用间隔 15 天左右。

锌肥和硼肥通常可作基肥或根外追肥。在缺锌缺硼姜田作基肥时，一般每亩施用 1~2kg 硫酸锌、硼砂 0.5~1kg，与细土或有机肥均匀混合，播种时施在播种沟内与土混匀：如作追肥和叶面喷施，可用 0.05%~0.1% 硼砂每亩 50~70L，分别于幼苗期、发棵期，根茎膨大期喷施 3 次。

43. 烟草需肥规律及配方施肥技术？

生产 100kg 烟草（干物质），需氮（N）2.3 ~ 2.6kg、磷

（P_2O_5）1.2~1.5kg、钾（K_2O）4.8~6.4kg，烟草对钾的需要远大于氮和磷。烟草不同栽培和不同生育期吸收养分是不同的。

苗床施肥：主要是培育壮苗，保证适时移栽，为烟草优质高产奠定基础。因此，苗床要施足基肥，适时追肥。苗床基肥，每平方米施腐熟的饼肥或干鸡粪20kg，过磷酸钙0.25~0.5kg，硫酸钾0.25kg。苗床追肥量从十字期开始由少到多，一般追肥2~3次。第一次追肥每平方米用氮（N）2g、磷（P_2O_5）1.5g，钾（K_2O）2.5g，喷施均匀，每隔8~10天喷一次。移栽前3~5天要控肥水，增强抗逆力。

大田施肥：①基肥：亩施饼肥50kg，农家肥2 000~2 500kg，亩开沟条施硫酸钾型复合肥（15-15-15）18~20kg、过磷酸钙35~40kg、硫酸钾12~15kg，在移栽穴内亩施复合肥5~7.5kg、硫酸锌1~2kg，结合整地沟施或穴施土中。②定根肥：移栽时，亩用尿素1.5~2.5kg、磷肥2.5~5kg，对水淋施，以促使提早还苗成活。③追肥分三次施用，在移栽后7天亩淋施硝酸钾3~5kg，15天后亩淋施硝酸钾5~7.5kg，在烟株"团棵后、旺长前"亩施硫酸钾型复合肥（15-15-15）5~7.5kg、硫酸钾8~10kg，同时进行大培土。

烟草生长后期，可用0.2%磷酸二氢钾溶液叶面喷施，对提高产量和品质都有良好效果。

44. 茶叶需肥规律及配方施肥技术？

茶叶施肥，应在坚持有机肥与无机肥相结合基础上，控制氮肥总量，特别是控制后期氮肥用量，提高茶叶质量，注意氮磷钾三要素肥料的配合施用和中微量元素的平衡施用。施肥方式上，基、追肥深施，施后立即盖土，盖土深度需要在6.5cm以上。严禁施用含氯化肥，大力推广含硫型专用配方肥。

施肥总量：有机肥料施用量每亩2 000kg左右。茶叶亩产

（鲜叶，下同）250kg 以下，亩施氮肥 12kg，磷肥 6kg，钾肥8kg。亩产 250～350kg，亩施氮肥 11kg，磷肥 5.5kg，钾肥7.5kg。亩产 350kg 以上，亩施氮肥 10kg，磷肥 5kg，钾肥 7kg。

基肥：100%的有机肥和磷肥、40%的氮、钾肥一般在 9—11月结合深耕作基肥深施。

追肥：在茶树开始萌动和新梢生长期间施用，以含氮素较多的速效氮肥为主，氮、钾肥配合施用，每季采茶后及时追施，春、夏、秋三季氮钾肥追施比例分别占总施肥量的 25%、20%和15%。施用方法采取在两行茶树之间挖深为 15～25cm 施肥沟，将肥料拌匀后深施，施后及时覆土。

45. 桑树需肥规律及配方施肥技术?

桑树是多年生植物，每年进行多次采收桑叶和整枝伐条，桑树从土壤中带走大量养分，如不及时补充，会使土壤养分缺乏，影响桑树正常生长，从而导致树势衰败。

每生产 100kg 桑叶，需补充纯氮约 2kg，一般丝茧育用桑园的氮磷钾需要比例大致为 10:4:5，种茧育桑园为 10:6:8。年产出 2 000kg 左右桑叶的中等水平桑园，需亩施厩肥 2 000～3 000kg，氮（N）40kg、磷（P_2O_5）16kg、钾（K_2O）20kg。

桑树施肥以根际施肥为主，根外追肥为辅。具体做法是：

（1）冬肥：冬肥应以堆肥、厩肥、土杂肥等有机肥为主，每亩 2 000～3 000kg，配施复合肥 30kg。

（2）催芽肥：桑芽长至 2～3 片叶时施入。亩施腐熟的粪水3 000kg，配施尿素 15kg 或复合肥 25kg。

（3）造桑造肥 造桑造肥是每采一次叶，施一次肥，以速效肥为主，亩施尿素 15kg 或粪水 3 000kg，宜水肥兼顾。在保证造桑造肥的情况下，夏伐后要增施一次有机肥。

施肥方法有：

（1）沟施：在桑树行间开沟施肥，一般用于密植桑园。沟的深度一般为 15~20cm。施肥后覆土。

（2）穴施：在桑树株间开穴施肥。穴的大小深浅应根据肥料的种类、施肥的数量及桑树的大小而定。树小施肥量少，开穴宜小而浅；树大施肥量多，开穴宜大而深。每次开穴应变换位置，以利桑树根系均衡发展。施肥后覆土。

（3）撒施：把肥料均匀地撒在桑园的地面上，再通过中耕把肥料翻入土内。一般结合冬耕、春耕进行。

（4）根外施肥：在桑叶旺盛生长期用 0.1%尿素+0.2%磷酸二氢钾混合溶液，在傍晚或阴天喷洒桑叶正、背面，每隔 5~6 天喷 1 次，在干旱季节可适当增加喷洒次数。

46. 梨树需肥规律及配方施肥技术？

据测定，每生产 100kg 鲜梨，需（N）0.47kg、磷（P_2O_5）0.23kg、钾（K_2O）0.48kg。

基肥一般在秋季落叶后进行，每株施农家肥 100kg，尿素 0.5~1kg，过磷酸钙 2~4kg，硫酸钾 0.5~1kg。

追肥一般在花前期每株施尿素 0.2~0.5kg，花后再施尿素 0.2~0.5kg。在果实膨大期，每株可施尿素 0.3~0.5kg，过磷酸钙 0.5kg、硫酸钾 0.5~1kg。

47. 桃树需肥规律及配方施肥技术？

桃树每生产 100kg 的果实，需施氮（N）0.3~0.6kg、磷（P_2O_5）0.1~0.2kg、钾（K_2O）0.3~0.7kg。

桃树需钾较多，尤其是果实的吸收量最大。桃树需氮量较高，并反应敏感。磷的吸收量也较高，与氮吸收量之比为 5：2。桃树吸收最多的元素是钙，其中叶片需求量最多，其次是新梢和树干，再次为果实，因此要注意钙的供应。桃树对其他中微量元素镁、铁、硼、锌、锰都比较敏感，供应不足时会出现缺素症。

中等肥力水平下桃树年生育周期亩施肥量为有机肥 3 000~
3 500kg（或商品有机肥 400~450kg），氮肥 15~17kg、磷肥 6~
8kg、钾肥 8~9kg。有机肥做基肥，氮、钾分基肥和二次追施，
磷肥全部基施，化肥和农家肥（或商品有机肥）混合施用，施
肥方法采用沟施较好。

基肥：基肥以有机肥为主，配合适量的化肥，宜在秋季施
入。一般亩施农家肥 3 000~3 500kg 或商品有机肥 400~450kg，
磷酸二铵 13~17kg、尿素 6kg、硫酸钾 5kg。

追肥：萌芽期追肥：亩施尿素 13~14kg，硫酸钾 7~8kg。硬
核期追肥：亩施尿素 10~11kg、硫酸钾 4~5kg。

根外追肥：初花期喷施 0.2%~0.3%硼砂可提高坐果率，果
实膨大期喷施 0.2%~0.3%的硝酸钙可以提高果实的硬度。缺锌
可叶面喷施 0.1%~0.2%的硫酸锌，缺铁可用 0.3%硫酸亚铁与
0.5%尿素的混合液喷施，缺钾可喷施 0.2%~0.3%磷酸二氢钾
2~3 次。

48. 苹果需肥规律及配方施肥技术？

每生产 100kg 果实，需施氮（N）0.8~2.0kg、磷（P_2O_5）
0.26~1.2kg、钾（K_2O）0.8~1.8kg。

苹果树的吸肥，前期以氮为主，中后期以钾为主，对磷的吸
收全年比较平稳。根据亩产 5 000kg 以上的果园调查，施用的苹
果专用肥其氮磷钾比例为 1.5:1.0:1.2。这种比例无论是对树
体生长，还是对花芽分化都比较合适。

基肥：一般在果实采收后，根系秋季生长高峰来到之时施基
肥，即 8 月下旬至 9 月，最好在秋梢停止生长后进行。未结果的
苹果幼树，也宜在秋季施用基肥。基肥的有机肥用量，一般以
"斤果斤肥"为宜，苹果树秋施基肥时，还应适当加入一些速效

性氮磷钾肥，促进果树形成庞大根系，为丰产稳产打下基础。

施肥方法可根据树势、根系分布、树龄和土壤情况而定。一般情况下环状、半环状沟施法适用于幼树。条沟、穴施、放射沟施肥法，全园撒施法多用于成年树。施肥深度一般为 20～30cm，随树冠扩大，施肥范围和深度也相应增加，以施在根系主要分布层为宜。

追肥：苹果树在年周期发育过程中，随树体生长，对养分（特别是氮磷钾）的吸收量也相应增多。一般结果的苹果树在每年开花前后追施氮肥，配合适量磷肥，追肥时间宜早不宜迟。此次追肥对花多和弱树很重要。随着树龄的增长和结果量的增加，应适当增加追肥次数。一般在春齐梢停止生长时要追一次肥，以促进果实膨大和花芽分化。这次追肥对当年增产十分关键，而且对克服大小年结果也有一定的作用。如果园中出现黄化叶和小叶病，必须及时喷施含微量元素的叶面肥 2～3 次，以补充微量元素养分。

第七章　微灌施肥技术

1. 什么是微灌施肥技术？

微灌施肥在我国又称为"水肥一体化"，是借助微灌系统，将微灌和施肥结合，以微灌系统中的水为载体，在灌溉的同时进行施肥，实现水和肥一体化利用和管理，是水和肥料在土壤中以优化的组合状态供应给作物吸收利用，微灌施肥是将微灌施肥设施与施肥技术结合在一起的一项新农业技术，其设备是实现节水节肥的基础，微灌施肥制度是发挥设备最大效益的关键，也是微灌施肥技术的核心内容。

2. 常见的微灌施肥技术模式有哪些？

经过多年的探索，目前山东省设施蔬菜和果园主要推广了五种微灌施肥技术模式，基本满足了不同作物、水源类型、出水量、管理方式的需求。

(1) 设施蔬菜单井单棚滴灌施肥模式。首部安装文丘里或压差式施肥罐，筛网或小型碟片过滤器。适合河谷平原区，地下水埋深在 20m 以内，出水量较少，水泵功率一般在 0.75 ~ 1.5kW，适合农户分散经营的设施蔬菜种植区，

(2) 设施蔬菜重力滴灌施肥模式。棚内建水池或安装蓄水桶，通过重力（或加压）实行 2 次供水，适合农户分散经营、

直接供水存在困难的设施蔬菜种植区。

（3）设施蔬菜恒压变频滴灌施肥模式，首部安装恒压变频设备、叠片过滤器，分棚施肥。适合大棚集中、深井供水区，适合水组织管理健全的设施蔬菜种植区。

（4）果园轮灌微灌施肥模式。首部安装注肥泵、过滤器。适合规模种植大户或园艺场。

（5）果园微灌施肥模式，首部安装文丘里或压差式施肥罐，筛网或小型叠片过滤器，适合农户分散经营、面积较少的果园。

3. 微灌技术特点是什么?

（1）局部灌溉。微灌灌水集中在作物根系周围，减少了深层渗漏和侧面径流。

（2）高频率灌溉。由于每次进入土壤的水量比较少，在土壤中储存水量小，需要不断补充水分来满足作物生长耗水的需要，高频率灌溉的情况下，土壤水势相对平稳，灌溉水流保持在较低状态，可以使作物根系周围湿润，土壤中的水分与气体维持在适宜的范围内，作物根系活力增强，有利于作物生长。

（3）施肥量少。作物根系主要吸收溶解在水中土壤中的养分，微灌条件下，肥料主要是在作物根系周围的土壤中。微灌施肥，每次施肥量都是根据作物生长发展的需要确定，与大水漫灌冲肥相比，既减少了施肥量，又有利于作物的吸收利用，大水漫灌造成的肥料流失现象基本不存在。

（4）施肥次数增加，微灌使土壤水的移动范围缩小，在微灌水湿润范围之外的土壤，养分难以被作物吸收利用，要保证作物根系周围适宜的养分浓度，就需要不断地补充养分。

4. 微灌有什么好处?

实践证明，微灌施肥技术具有节水、节肥、节药、省工、增产和改善品质等优点。据山东省近十年示范效果表明，采用微灌施肥技术与常规施肥灌水相比存在诸多优势。

（1）节水效果。平均每亩节水 $49m^3$，节约用水 30%～40%。

（2）节肥效果。平均每亩节肥（折纯）31.5kg，节约用肥30%～50%。氮肥利用率平均提高 18.4 个百分点，磷肥利用率平均提高 8 个百分点，钾肥利用率平均提高 21.5 个百分点。

（3）节药效果。由于降低了棚内空气湿度、提高了温度，病虫害传播和发生程度减轻，打药次数减少 1/4～1/3。

（4）省工效果。可明显减少灌水、施肥、打药、整地等劳动用工。

（5）增产增收效果。平均增产 10%～25%，平均增加果品440kg/亩，蔬菜 860kg/亩。扣除设备分摊费用，蔬菜平均增收800 元/亩，果树增收 640 元/亩。

（6）改善品质效果。由于土壤的水肥供应条件稳定，农产品品质和商品性明显改善。据乳山市测定，苹果单果重平均增加33g，增重 12.3%，硬度增加 $1.3kg/cm^2$，提高了 13.1%，苹果70%以上着色面增加了 13.3%。据招远市测定，滴灌施肥黄瓜的维生素 C 含量明显较高，比沟灌冲肥增加 8mg/kg，提高了 6%。

5. 微灌的分类和设备？

常用的微灌施肥设备按灌水端的出水形式可以分为滴灌、微喷灌和涌泉灌（小管出流）三种类型。典型的微灌系统通常由水源工程、首部枢纽、输配水管网和灌水器四部分组成。一般设备的排列顺序：水泵（包括电机）、逆止阀、施肥（药）装置、压力表、过滤设备、压力表、阀门、流量表、进排气阀、干管、压力调节器（电磁阀）、支管、毛管、灌水器。根据微灌施肥首部控制规模和水质设备的配置方式会有所不同。

6. 什么是首部系统?

首部系统的作用是从水源取水、增压并将其处理成符合微灌施肥要求的水流送到系统中去,包括加压设备(水泵、动力机)、过滤设备、施肥(药)设备,控制及测量设备等。

7. 什么是加压设备?

加压设备的作用是满足微灌施肥系统对管网水流的工作压力和流量要求。加压设备包括水泵及向水泵提供能量的动力机。微灌施肥系统常用的水泵有离心泵、潜水泵等,动力机可以是柴油机、电动机等。在井灌区,如果是大功率水泵供水,农户各自使用微灌施肥设备,要使用变频器。在有足够自然水源的地方,可以不安装加压设备,利用重力进行灌溉。

8. 过滤设备的分类? 它们分别适用的情况?

(1)旋流水砂分离器。旋流水砂分离器又称"离心式过滤器"或"涡流式水砂分离器"。常见的结构形式有圆柱形和圆锥形两种。旋流水砂分离器能连续过滤高含砂量的灌溉水,其缺点是不能除去与水比重相近或比水轻的有机质等杂物,特别是水泵启动和停机时过滤效果下降,会有较多的砂粒进入系统,另外,水头损失也较大。因此,同沉淀池一样,水砂分离器只能作为初级过滤器,然后使用筛网过滤器进行第二次处理,这样可减轻网式过滤器的负担,增长冲洗周期。

(2)砂过滤器。砂过滤器又称"砂介质过滤器"。它是利用砂石作为过滤介质。砂过滤器主要由进水口、出水口、过滤罐体、砂床和排污孔等部分组成。水源含杂质多的情况下,为保证持续供水,可以多个过滤器联合使用。砂过滤器带有反冲洗功能,可根据需要定期清洗滞留在砂石间的污物。单个砂过滤器反冲洗时，首先打开冲洗阀和排污阀，并关闭进水阀，水流经冲洗管由集水管进入过滤罐。双过滤器反冲洗时先关闭其中一个过滤罐上的三向阀门，同时也就是打开了该罐的反冲洗管进口，由另一过滤罐来的干净水通过集水管进入待冲洗罐内。水流反向流过砂床时，使砂床膨胀向上，砂粒之间间距增大，被截流在孔隙之间的各种污物被水冲动，并带出砂床，经反冲洗管排出。每次冲洗时要冲到排出口的污水变清为止。砂石过滤器过滤可靠、清洁度高，但价格高、体积大、重量重。

（3）筛网过滤器。筛网过滤器是一种简单而有效的过滤设备。筛网过滤器一般由筛网、壳体、顶盖等主要部分组成。它的过滤介质是尼龙筛网或不锈钢筛网。这种过滤器的造价较为便宜，在国内外微灌系统中使用最为广泛，其缺点是当灌溉水中石英砂较多时易破损。筛网过滤器的种类繁多，如果按安装方式分类，有立式与卧式两种；按制造材料分类，有塑料和金属两种；按清洗方式分类，又有人工清洗和自动清洗两种类型；按封闭与否分类，则有封闭式和开敞式（又称"自流式"）两种。筛网的孔径大小即网目数的多少要根据所用灌水器的类型及流道断面大小而定。由于灌水器的堵塞与否，除其本身的原因外，主要与灌溉水中的污物颗粒形状及粒径大小有直接关系。因此，微灌用灌溉水中所能允许的污物颗粒大小就比灌水器的孔口或流道断面小许多，才有利于防止灌水器堵塞。根据实践经验，一般要求所选用的过滤器的滤网的孔径大小应为所使用的灌水器孔径大小的 $1/10 \sim 1/7$。

（4）叠片式过滤器。叠片式过滤器是用数量众多的带沟槽薄塑料圆片作为过滤介质，由滤壳和滤芯组成。工作时水流通过叠片，泥沙被拦截在叠片沟槽中，清水通过叠片的沟槽进入下游。其突出优点是结构简单、维护方便，寿命长。

9. 施肥（药）设备有几种？

微灌施肥系统中用于向输水管道注入可溶性肥料或农药溶液的设备称为"施肥（药）设备"，施肥（药）设备应安装在过滤设备之前。

（1）压差式施肥罐。压差式施肥罐一般由储液罐、进水管、供肥液管、调压阀等组成，并联安装在输水管道上。其工作原理是在输水管上的两点形成压力差，并利用这个压力差将肥料、药剂注入系统管道，施肥罐为承压容器，运行时承受与管道相同的压力，一般用抗压能力强的塑料或金属材料制造。压差式施肥罐的优点是加工制造简单，造价较低，不需外加动力设备。缺点是肥料溶液浓度变化大，同时，罐体容积有限，需要频繁添加化肥或药剂。

（2）开敞式肥料罐（池）。开敞式肥料罐（池）通常用在单棚独立灌溉系统或自压灌水系统中。开敞式肥料罐（池）可以是任意的塑料桶（罐）或池等，只需把这个肥料罐（池）放在自压水源（如蓄水池）下方的适当位置，将肥料供水管通过控制阀门与水源连接，将肥料输送管、阀门与灌溉系统的主管道连接，就建成了一个供肥系统。

（3）文丘里注入器。文丘里注入器与储肥罐配套组成施肥装置。其工作原理是利用文丘里管或射流器产生的局部负压，将肥料罐中的肥料溶液或药液吸入输水管中。文丘里注入器的优点是装置简单，成本低廉，使用简便。缺点是若直接与主管连接时，将会造成较大的压力损失。文丘里注入器主要应用于小型微灌（如滴灌、微喷灌）系统的施肥。

（4）注入泵。灌溉系统中常采用活塞泵、隔膜泵向灌溉管道注入肥料溶液或农药。根据驱动泵的动力源，又可分为水力驱动和机械驱动两种形式。使用注入泵装置的优点是能均匀向灌溉水源提供肥料，从而保证灌溉水中的肥液浓度的稳定，施肥质量好，效率高。缺点是需要另外增加动力设备和注入泵，造价较高，同时，在施肥过程中无法调节肥液的流量。

10. 输配水管网的组成是什么？

微灌输配水管网由各种管道和连接件组成，其作用是将首部枢纽处理过的水按照要求输送分配到每个灌水单元和灌水器，输配水管网包括干管、支管和毛管三级管道。毛管是微灌系统的最末一级管道，其上安装或连接灌水器。管道与连接件在微灌工程中用量大、规格多、所占投资比重大，因而所用的管道与连接件型号规格和质量的好坏，不仅直接关系到微灌工程费用大小，而且也关系到微灌能否正常运行和寿命的长短.

11. 微灌管道的种类有几种？

微灌工程应采用塑料管，对于大型微灌工程的骨干输水管道（如上山干管，下山干管、输水总干管等），当塑料管不能满足设计要求时，也可采用其他材质的管道，但要防止锈蚀堵塞灌水器。微灌系统常用的塑料管主要有两种：聚乙烯管和聚氯乙烯管，直径 63mm 以下的管采用聚乙烯管，直径 63mm 以上的管采用聚氯乙烯管。塑料管具有抗腐蚀，柔韧性较好，能适应较小局部沉陷、内壁光滑、输水摩阻粗糙率小、比重小、重量轻、有利运输安装方便等优点，是理想的微灌用管。塑料管的主要缺点是受阳光照射时易老化，塑料管埋入地下时，塑料管的老化问题将会得到较大程度的克服，使用寿命可达 20 年以上。

12. 聚乙烯管（PE 管）的使用和优缺点？

聚乙烯管分为高压低密度聚乙烯管和低压高密度聚乙烯管两种。低压高密度聚乙烯管为硬管，管壁较薄。高压低密度聚乙烯管是由高压低密度聚乙烯树脂加稳定剂、润滑剂等助剂制成的，高压低密度聚乙烯管为半软管，管壁较厚，对地形的适应性比低压高密度聚乙烯管要强。它具有很高的抗冲击能力，重量轻，韧性好，耐低温性能强，抗老化性能比聚氯乙烯管好，但不耐磨，耐高温性能差，抗张强度低。为了防止光线透过管壁进入管内，引起藻类等微生物在管道内繁殖，以及为了吸收紫外线，减缓老化的进程，增强抗老化性能，要求聚乙烯管为黑色。外管光滑平整、无气泡、无裂口、无沟纹、无凹陷和无杂质等。

13. 聚氯乙烯管（PVC 管）使用和优缺点?

聚氯乙烯管是以聚氯乙烯树脂为主要原料，与稳定剂、润滑剂等配合后经挤压成型的。它具有良好的抗冲击和承压能力，刚性好，但耐高温性能差，在 50℃ 以上时即会发生软化变形。聚氯乙烯管属硬质管，韧性强，对地形的适应性不如半软性高压低密度聚乙烯管道。微灌中常用的聚氯乙烯管一般为灰色。为保证质量，管道内外壁均应光滑平整、无气泡、无裂口、无波纹及无凹陷，对直径为 40~200mm 的管道的挠曲度不得超过 1%，管道同一截面的壁厚偏差不得超过 14%，聚氯乙烯管按使用压力分为轻型和重型两类。微灌系统中多数使用轻型管，即在常温下承受的内水压力不超过 600kPa。每节管的长度一般为 4~6m。

14. 微灌管道连接件的种类有哪些?

连接件是连接管道的部件，也称"管件"。管道种类及连接方式不同，连接件也不同，微灌工程中大多用聚乙烯管，连接件也主要是聚乙烯管。目前，国内微灌用聚乙烯塑料管的连接方式和连接件有两大类：一是外接式管件；二是内接式管件。两者的规格尺寸相异，用户在使用时，一定要了解所连接管道的规格尺寸，选用与管道相匹配的管件。连接件主要包括接头、三通、弯头、堵头、旁通、插杆、密封紧固件等。

15. 控制、测量与保护装置有哪些？

为了控制微灌系统或确保系统正常运行，系统中必须安装必要的控制、测量与保护装置，如阀门、流量和压力调节器，流量表或水表、压力表、安全阀、进排气阀等，其中大部分属于供水管网的通用部件。

16. 灌水器的分类？

灌水器的作用是把末级管道（毛管）的压力水流均匀而又稳定地灌到作物根区附近的土壤中，灌水器质量的好坏直接影响到微灌系统的寿命及灌水质量的高低。灌水器种类繁多，各有特点，适用条件也各有差异，按结构和出流形式可将灌水器分为滴头、滴灌带、微喷头、小管灌水器。

（1）滴头。通过流道或孔口将毛管中的压力水流变成滴状或细流状的装置称为"滴头"。其流量一般不大于12L/小时。按滴头的结构可把它分为三种。长流道型滴头：靠水流与流道壁之间的摩阻消能来调节出水量的大小。孔口型滴头：靠孔口出流造成的局部水头损失来消能调节出量的大小。压力补偿型滴头：利用水流压力使滴头内的弹性体（片）形状改变或过水断面面积发生变化，即当压力减小时，增大过水断面面积，压力增大时，减小过水断面面积，从而使滴头出流量自动保持稳定，同时还具有自清洗功能。

（2）滴灌带。滴头与毛管制造成一整体，兼具配水和滴水功能的滴灌管称为"滴灌带"。按滴灌带的结构可分为以下两种：①内镶式滴灌带：在毛管制造过程中，将预先制造好的滴头镶嵌在毛管内的滴灌带。内镶滴头有两种：一种是片式，另一种是管式。②薄壁滴灌带，目前，国内使用的薄壁滴灌带有两种，一种是在 0.5~1.0mm 厚的薄壁软管上按一定间距打孔，灌溉水由孔口喷出湿润土壤。另一种是在薄壁管的一侧热合出各种形状的流道，灌溉水通过流道以滴流的形式湿润土壤。滴灌带也有压力补偿式与非压力补偿式两种。

（3）微喷头。微喷头是将压力水流以细小水滴喷洒在土壤表面的灌水器。单个微喷头的喷水量一般不超过 250L/小时，射程一般小于 7m。按照结构和工作原理，微喷头分为射流式、离心式、折射式和缝隙式 4 种。常见的主要有射流式微喷。

17. 微灌施肥制度？

微灌施肥的核心技术就是微灌施肥制度。微灌施肥制度包括灌溉制度和施肥制度两方面内容，灌溉制度包括确定作物全生育期的灌溉定额、灌水次数、灌水的间隔时间、一次灌水时间和灌水定额等。施肥制度包括作物全生育期的总施肥量、每次施肥量及养分配比、施肥时期、肥料品种等。微灌施肥制度就是针对微灌设备应用和作物目标产量的需求，将灌溉制度与施肥制度拟合形成的制度。我国微灌施肥制度的研究起步较晚，只有少数的蔬菜、果树形成了比较成熟的微灌施肥制度。从技术理论上讲，微灌改变了水在土壤中的运行规律，也改变了养分在土壤中的运行规律，加之我国作物类型、气候特点和土壤条件复杂多样，农民种植管理水平和作物产量水平差异很大。

18. 日光温室越冬黄瓜滴灌施肥制度？

黄瓜为喜钾、喜氮作物，需氮肥和钾肥数量较大。全生育期内吸收养分在不同时期吸收比例不同，吸收量呈单峰曲线，盛瓜中期达最大值。根据黄瓜经济产量确定氮（N）、磷（P_2O_5）、钾（K_2O）用量，结合各地水肥一体化试验、农户调查结果，每亩生产 20 000 kg 黄瓜，氮、磷、钾化肥施用量确定纯养分为

247.1kg，其中氮（N）87.6kg，磷（P_2O_5）59.5kg，钾（K_2O）100.0kg。有机肥料以培肥土壤、调节土壤理化性状为主要目的，施用量按农民常规用量确定。灌溉定额为351m³/亩，灌溉次数为31次。日光温室越冬黄瓜滴灌施肥制度如下表所示。

日光温室越冬黄瓜滴灌施肥制度表

生育期	灌溉次数	灌水定额（m³/亩）	氮（N）	磷（P_2O_5）	钾（K_2O）	合计	备注
定植	1	30	18	15	32	65	沟灌
初花前期	1	12	0	0	0	0	滴灌
初花后期	1	12	2.8	2.8	4.5	10.1	滴灌
结瓜初期	5	9	2.4	2.9	3.9	9.2	滴灌
结瓜中前期	8	10	2.4	1.9	3.5	7.8	滴灌
结瓜中后期	8	11	2	1.5	2	5.5	滴灌
结瓜末期	7	12	2.8	0	0	2.8	滴灌
全生育期合计	31	351	87.6	59.5	100	247.1	

注：每次灌溉加入的纯养分量（kg/亩）为表中氮磷钾列。

注：目标产量为20 000kg/亩

19. 日光温室越冬番茄滴灌施肥制度？

番茄为喜钾需钙作物，需钾肥数量较大。根据番茄经济产量确定氮（N）、磷（P_2O_5）、钾（K_2O）用量，结合各地水肥一体化试验和农户调查结果，每亩生产10 000kg番茄，氮、磷、钾化肥施用量确定纯养分为138.9kg，其中氮（N）49.1kg、磷（P_2O_5）24.3kg、钾（K_2O）65.5kg。有机肥料以培肥土壤、调节土壤理化性状为主要目的，施用量按农民常规用量确定。钙、镁依据土壤状况和有机肥料使用数量情况确定。灌溉定额为231m³/亩，灌溉次数为18次。日光温室越冬番茄滴灌施肥制度如下表所示。

日光温室越冬番茄滴灌施肥制度表

生育期	灌溉次数	灌水定额（m³/亩）	每次灌溉加入的纯养分量（kg/亩）				备注
			氮(N)	磷(P₂O₅)	钾(K₂O)	合计	
定植	1	20	10	12	13	35	沟灌
苗期	2	8	0	0	0	0	滴灌
开花期	1	12	3.5	2.3	3.6	9.5	滴灌
结果初期	3	12	3	1.5	6	10.5	滴灌
采收前期	3	15	3	1	4.8	8.8	滴灌
采收盛期	5	12	2	0.5	3.3	5.8	滴灌
采收末期	3	14	2.5	0	0	2.5	滴灌
全生育期合计	18	231	49.1	24.3	65.5	138.9	

注：目标产量为 10 000kg/亩

20. 日光温室草莓滴灌施肥制度?

草莓是苗期喜氮、结果期喜钾、养分需求全面的作物。根据草莓经济产量确定氮（N）、磷（P_2O_5）、钾（K_2O）用量，结合各地水肥一体化试验、农户调查结果，每亩生产 3 000kg 草莓，氮、磷、钾化肥施用量确定纯养分为 53.5kg，其中氮（N）17.6kg，磷（P_2O_5）13.3kg，钾（K_2O）22.6kg。有机肥料以培肥土壤、调节土壤理化性状为主要目的，施用量确定为每亩 4 000~5 000kg，为改善草莓品质，每亩施用腐熟饼肥 100kg。灌溉定额为 279m³/亩，灌溉次数为 37 次。日光温室草莓滴灌施肥制度如下表所示。

日光温室草莓滴灌施肥制度表

生育期	灌溉次数	灌水定额 (m³/亩)	每次灌溉加入的纯养分量 (kg/亩)				备注
			氮 (N)	磷 (P_2O_5)	钾 (K_2O)	合计	
定植	1	10	3.6	6.2	5	14.8	沟灌
定植-现蕾	9	7	0	0	0	0	滴灌
现蕾-开花	1	4	1.2	0.5	1.2	2.9	滴灌
	1	7	1	1	1	3	滴灌
果实膨大期	1	7	0	0	0	0	滴灌
	4/2*	7	1.9	0.8	1.7	4.4	滴灌
果实采收期	20/10*	8	0.8	0.4	1.2	2.4	滴灌
全生育期合计	37	279	17.6	13.3	22.6	53.5	

注：目标产量为 3 000kg/亩；*为隔次施肥，即每灌溉 2 次，施 1 次肥。

21. 日光温室油桃滴灌施肥制度？

根据油桃经济产量确定氮（N）、磷（P_2O_5）、钾（K_2O）用量，结合各地水肥一体化试验农户调查结果，每亩生产 3 000kg 油桃，氮、磷、钾化肥施用量确定纯养分为 84.9kg，其中氮（N）32.1kg，磷（P_2O_5）23.8kg，钾（K_2O）29kg。根据日光温室油桃生育期短，需肥量高，从硬核期开始对大量元素吸收量迅速增加且对氮素较为敏感的特点，确定各生育期氮磷钾比例数量，有机肥按照农民常规用量确定。灌溉定额为 142m³/亩，灌溉次数 8 次。日光温室油桃滴灌施肥制度如下表所示。

日光温室油桃滴灌施肥制度表

生育期	灌溉次数	灌水定额 (m³/亩)	每次灌溉加入的纯养分量 (kg/亩)				备注
			氮 (N)	磷 (P_2O_5)	钾 (K_2O)	合计	
秋季落叶前	1	30	7.5	7.5	7.5	22.5	滴灌

（续表）

生育期	灌溉次数	灌水定额 (m³/亩)	每次灌溉加入的纯养分量（kg/亩）				备注
			氮 (N)	磷 (P₂O₅)	钾 (K₂O)	合计	
萌芽前	1	16	4.6	0	0	4.6	滴灌
盛花前	1	14	4	3.2	3.6	10.8	滴灌
硬核期	1	14	4	3.2	2.6	9.8	滴灌
果实膨大期	1	16	2.9	1.4	6.1	10.4	滴灌
采收前	1	16	2.1	1.5	4.2	7.8	滴灌
采收后	1	18	4	4	2	10	滴灌
修剪整枝后	1	18	3	3	3	9	滴灌
全生育期合计	8	142	32.1	23.8	29	84.9	滴灌

注：目标产量为 3 000kg/亩

22. 露天苹果滴灌施肥制度?

露天苹果需水、需肥数量在不同生长时期差异较大。根据苹果经济产量确定氮（N）、磷（P₂O₅）、钾（K₂O）用量，结合各地水肥一体化试验和农户调查结果，每亩生产 4 000kg 苹果，氮、磷、钾化肥施用量确定纯养分为 93.8kg，其中氮（N）36kg、磷（P₂O₅）18kg、钾（K₂O）39.8kg。根据苹果前期以吸收氮肥为主，中后期（果实膨大期）以吸收钾肥为主，而整个生育期对磷的吸收比较平稳的特点，确定各生育期氮、磷、钾比例与数量。有机肥按照农民常规用量确定。灌溉定额为 205m³/亩，灌溉次数为 8 次。露天苹果滴灌施肥制度如下表所示。

露天苹果滴灌施肥制度表

生育期	灌溉次数	灌水定额 (m³/亩)	每次灌溉加入的纯养分量（kg/亩）				备注
			氮 (N)	磷 (P₂O₅)	钾 (K₂O)	合计	
秋季落叶前	1	35	6	4	5.6	15.6	滴灌

（续表）

生育期	灌溉次数	灌水定额 （m³/亩）	每次灌溉加入的纯养分量（kg/亩）				备注
			氮 （N）	磷 （P₂O₅）	钾 （K₂O）	合计	
萌芽前	1	20	6	2	4.3	12.3	滴灌
盛花前	1	25	6	2.5	5.3	13.8	滴灌
硬核期	1	25	4.5	1.5	3.3	9.3	滴灌
果实膨大期	1	25	4.5	1.5	3.3	9.3	滴灌
采收前	1	25	6	1.5	5.3	12.8	滴灌
采收后	1	25	3	2.5	5.6	11.1	滴灌
修剪整枝后	1	25	0	2.5	7.1	9.6	滴灌
全生育期合计	8	205	36	18	39.8	93.8	

注：目标产量为 4 000kg/亩

参考文献

陈伦寿，李伦岗 . 1978. 农田施肥与实践 ［M］. 北京：农业出版社 .

高祥照，李贵宝，李新慧 . 2000. 化肥手册 ［M］. 北京：中国农业出版社 .

高祥照，申朓，郑义 . 2002. 肥料实用手册 ［M］. 北京：中国农业出版社 .

侯振华 . 2010. 科学施肥新技术 ［M］. 沈阳：沈阳出版社 .

彭世琪，崔勇，李涛 . 2008. 微灌施肥农户操作手册 . 北京 ［M］. 北京：中国农业出版社 .

万广华，李涛，高瑞杰 . 2012. 农田节水技术与应用研究 ［M］. 济南：山东大学出版社 .

张福锁 . 2004. 测土配方施肥技术要览 ［M］. 北京：中国农业大学出版社 .